Denkanstöße '99

SERIE PIPER

Zu diesem Buch

Mit »Denkanstöße '99« legt Piper den fünfzehnten Band dieser Lesebuch-Folge vor. Zusammengestellt aus den jüngst erschienenen Sachbüchern und wissenschaftlichen Werken des Verlages, werden neue Erkenntnisse aus den verschiedensten thematischen Bereichen vorgestellt. Dieses erfolgreiche Lesebuch gewährt spannend und verständlich Einblick in aktuelle Themen und Diskussionen aus Wissenschaft und Gesellschaft. Mit Beiträgen aus Philosophie, Psychologie, Theologie, Politik, Geschichte, Musik und den Naturwissenschaften ist der Band auch Spiegel eines äußerst vielseitigen Verlagsprogramms. Die Autoren sind Wissenschaftler, Politiker, Künstler und Publizisten von Rang, darunter Hannah Arendt, Norbert Bischof, der Dalai Lama, Brian Goodwin, Joachim Kaiser, Hans Küng, Heinz Ohff, Jürgen Roth, Bassam Tibi.

Heidi Bohnet-von der Thüsen, geboren 1940 in Berlin, Studium der Philosophie und Germanistik in München, Promotion 1969, Lektorin in verschiedenen Verlagen, lebt in Bonn. Sie ist Mitherausgeberin des Bandes »Lust am Denken«.

Denkanstöße '99

Ein Lesebuch aus Philosophie, Natur- und Humanwissenschaften

Herausgegeben von
Heidi Bohnet-von der Thüsen

Piper München Zürich

Originalausgabe
1. Auflage September 1998
2. Auflage Februar 1999

Umschlag: Büro Hamburg
Simone Leitenberger, Susanne Schmitt, Annette Hartwig
Umschlagabbildung: Ellen Carey/photonica
Gesamtherstellung: Clausen & Bosse, Leck
Printed in Germany ISBN 3-492-22656-6

Inhalt

Vorbemerkung

Mit den »Denkanstößen '99« bietet der Piper Verlag – in einer fünfzehnjährigen Tradition – Einblicke in sein Wissenschafts- und Sachbuchprogramm, diesmal der Jahre 1996/97. In vier große Abteilungen gegliedert, aber eng miteinander zusammenhängend, beschäftigen sich die Beiträge mit Grundthemen des menschlichen Lebens.

Teil I »Formen des Zusammenlebens – Überwältigung oder Dialog?« berichtet von Gewalttaten wie dem Überfall Hitlers auf die Sowjetunion (*Lincoln*), betrachtet aber auch die Folgen von Eroberungen, seien sie kriegerischer, seien sie friedlicher Natur (*Lewis, Wood*). In einem Dialog zweier Weltsichten dagegen verständigen sich der Dalai Lama als Buddhist und eine amerikanische Kognitionswissenschaftlerin über die Frage: Was ist der Geist, was ist das Ich? (*Hayward/Varela*). Da Dialog nur dann möglich ist, wenn Freiheit und Toleranz herrschen, dürfen diese Grundprinzipien nicht unter Berufung auf sie abgeschafft werden. Deshalb tritt ein Text mit Entschiedenheit für unsere westliche Demokratie ein, die sich gegen die Eroberungsbestrebungen dort lebender islamischer Fundamentalisten zur Wehr setzen muß (*Tibi*). Denn eine der Voraussetzungen für Toleranz und Freiheit besteht darin, daß sie politisch durchgesetzt werden. Hier setzen die Überlegungen zum geeigneten Staatsmann an: Nur große Staatsmänner, nicht opportunistische, kurzsichtige Politiker sind imstande, Freiheit zu erkennen und das Risiko ihrer Durchsetzung auch unter Einsatz des eigenen Lebens auf sich zu nehmen (*Jaspers*).

Teil II »Rückblick – Irrtümer und Neuanfänge« entspricht dem Grundgedanken des »Aus Fehlern Lernens«. Erst spät hat die Schweiz dieses Motto berücksichtigt, wenn man betrachtet, wie sie es im Zweiten Weltkrieg mit ihrer angeblichen Neutralität und in Sachen »Raubgold« gehalten hat (*Rings*). Neu anzufangen und es besser zu machen versuchten unsere Gründerväter nach dem Zweiten Weltkrieg, als sie bei der Schaffung unserer Verfassung die Schwächen der Weimarer Republik zu überwinden trachteten

(*Sontheimer/Bleek*). Auch Hans Küng, für dessen Rehabilitation hier gefochten wird, versucht mit seiner konstruktiven Kirchenkritik den Katholizismus auf seinen Freiheitskern zurückzuführen und die Schuld der Kirche gegenüber Juden und Ketzern wiedergutzumachen (*Kuschel*). Auf eine neue, sich von der Tradition absetzende Art, mit Menschen umzugehen, treffen wir zweimal: im Führungsstil des großen Firmengründers Werner von Siemens, der gegen die Ausbeutung seiner Arbeiter ist (*Feldenkirchen*), und im Erbarmen Jesu mit der jungen Ehebrecherin (*Drewermann*). Wie man aus den Fehlern der Vergangenheit für die Zukunftsgestaltung lernt, zeigt sich in dem Plädoyer für nachhaltige Entwicklung, in dem nach der ethischen Maxime gesucht wird, die Menschen dazu bringen kann, für ihre Enkel und Urenkel Zukunftsvorsorge zu betreiben (*Küng*). Und in anderem Zusammenhang, aber im gleichen Sinne wird gefragt: Wie können wir mehr Gerechtigkeit in unserer Gesellschaft erreichen und den Abbau des Sozialstaats verhindern? (*Roth*)

Um die Conditio humana geht es in *Teil III »Grunderfahrungen – Fesseln und Auswege«*. Beschrieben wird der Kampf gegen Alltagswidrigkeiten wie Streß (*Sapolsky*) und Alterserscheinungen (*Fossel*). Aber auch die Bereicherung des Lebens durch Musik wird erhellt – mit Überlegungen zum Beifallklatschen (*Eggebrecht*) oder zu den Veränderungen unserer Hörgewohnheiten und unseres Zeiterlebens im Konzert nach der Erfindung von Schallplatte und Rundfunk (*Kaiser*). Ein anderer Text beschäftigt sich ausführlich mit dem Phänomen der Zeit (*Pöppel*), das auch in dem Paradox von Ablösung und Rückbindung bei unserer Identitätsfindung eine Rolle spielt (*Bischof*). Und schließlich geht es um Fragen der Transzendenz: um das Verhältnis von Gott zu Mensch und Natur in der Sicht des Islam (*Ess*). Ergreifend ist die Beschreibung der existentiellen Verzweiflung des Künstlers Schubert an sich selbst und an seiner Zeit, der er in der Gestaltung des Credo in seiner G-Dur-Messe Ausdruck verleiht (*Stegemann*).

Auch Teil IV »Ich will verstehen – Einsichten und Vor-Urteile« bezieht sich auf eine Grundverfassung des Menschen, seinen Drang zu begreifen und zu erkennen. Geradezu desillusionierend ist die Erkenntnis, daß uns unser Verstand und Geist eher irreführt, als uns Einsichten zu gewähren, weil wir, den Blick »blind« auf die Ratio gerichtet, unsere »ganzheitliche« Wahrnehmung überhaupt nicht zur Kenntnis nehmen (*Claxton*). Daraus folgt, daß bahnbrechende Entdeckungen oft in einem Zustand der Halbbewußtheit gemacht werden, so wie der Forscher Kekulé »träumend« den Benzolring entdeckte (*Ortoli/Witkowski*). Aufgrund der festgefahrenen Denkgewohnheiten erliegen wir Vor-Urteilen, die dem einzelnen die Sicht trüben können, wie im Fall von Fontanes zeitbedingtem Antisemitismus (*Ohff*). Vorurteile können aber auch zur Katastrophe im Weltmaßstab führen, wie die Rassentheorie, von denen Hitler in seinen Wiener Jahren geprägt wurde (*Hamann*). Erst wenn wir imstande sind, die Dinge aufgrund veränderter Metaphern, durch Paradigmenwechsel sozusagen, von einer ganz neuen Seite zu betrachten – und die Dynamik der Evolution z. B. nicht mehr als ein mühsames Erklimmen von Fitneßgipfeln ansehen, sondern als müheloses Hinabrollen zu einem Attraktionspunkt (*Goodwin*) –, kommen wir zu neuen, überraschenden Ergebnissen. Das heißt aber auch: Erst wenn ich weiß, daß ich nichts weiß, kann ich mit Sokrates die Frage zu lösen versuchen: »Was ist der Mensch? Was ist seine Aufgabe?« (*Blücher*). Das Hannah-Arendt-Zitat »Ich will verstehen«, das diesem Abschnitt die Überschrift gegeben hat, bedeutet letztlich, daß man »ohne Geländer« – frei von einer vorgefaßten Konzeption, frei von unverrückbaren Maßstäben – denken muß, wenn man Abgründe überwinden will (*Arendt*).

Alle Texte stehen für sich und sind unabhängig voneinander zu lesen, auch wenn sicherlich viele in andere Zusammenhänge eingeordnet werden könnten. Mancher Beitrag, der zunächst wie ein Stolperstein daliegen mag, wirkt im Weiter-, Durch- und Gegen-Denken unseren Vor-Urteilen entgegen und bringt uns auf »neue Gedanken«. Und wenn er uns dann eine überraschende Perspektive eröffnet, erfahren wir das beflügelnde Gefühl, etwas zu verstehen!

Heidi Bohnet – von der Thüsen

I. FORMEN DES ZUSAMMENLEBENS – ÜBERWÄLTIGUNG ODER DIALOG?

Jeremy W. Hayward / Francisco J. Varela
Dialog zwischen zwei Welt-Sichten

Das Wesen des Geistes

Rosch: Kommen wir zur Frage von Dualität und Nichtdualität, wie sie im Mahâyâna-Buddhismus aufgeworfen wird.[1] In der westlichen Psychologie ist Dualität eine selbstverständliche Grundbedingung, sie wird unterstellt: Die Welt existiert für sich selbst, also von der Person getrennt, und umgekehrt. Das kann man nicht einmal als Glaubenssatz oder explizite Metaphysik ansehen, denn buchstäblich niemand ahnt hier auch nur, daß man es auch anders sehen kann. Der Übergang zu einer anderen Sicht – also das, was man Paradigmenwechsel nennt – ist im allgemeinen nicht mehr als eine eher geringfügige Verschiebung innerhalb des Systems. Nehmen wir als Beispiel die häufig dem »östlichen« Denken zugeschriebene Ansicht, daß es keine objektive Erkenntnis der Welt geben kann, weil wir die Welt durch unseren Geist (also durch den Filter unserer vorgefaßten Meinungen, unserer Wünsche, Prägungen und Deutungen) erkennen. Innerhalb des Informationsverarbeitungsansatzes hat man gegen diese Argumentation überhaupt nichts einzuwenden. Die Psychologen dieser Richtung sagen: »Aber sicher! Es sind ständig irgendwelche Von-oben-nach-unten-Prozesse im Gang, das läßt sich an vielen Beispielen demonstrieren. Alter Hut.« Und sie haben völlig

1 Zum Grundbestand der mahayanistischen Lehre gehört die Nichtdualität von Subjekt und Objekt, von Geist und Welt.

recht. Ein partielles Infragestellen der dualistischen Sicht kann dieser Sicht offenbar nicht viel anhaben. Wie kann man eine Kognitionspsychologie auf die Anschauung gründen, daß Welt und Person in jedem Augenblick in gegenseitiger Abhängigkeit entstehen?

In vielen buddhistischen Schulen geht es vor allem anderen darum, das eigentliche Wesen des Geistes zu erfassen, und für den Zustand, wo das erreicht ist, gibt es Bezeichnungen wie: jenseits des Geistes, Nicht-Geist, uranfänglicher Geist, Ur-Angesicht, wahre Natur, das nicht vom Geist Hervorgebrachte und große Vollkommenheit. Nach westlicher Auffassung gehört derartiges in den Bereich der Religion, auf keinen Fall in den der Wissenschaft; daher hat es auch in der Psychologie keinen Platz.

Dalai Lama: Es gibt zwei Bereiche, in denen ein Dialog zwischen Buddhismus und Psychologie sehr wertvoll sein könnte. Der eine ist die Erforschung des Geistes selbst, also der Denkprozesse, der begrifflichen Repräsentation und so weiter – simpel und direkt Aufschluß suchen über die Natur des Geistes. Der andere Bereich ist die Erforschung des Geistes im Hinblick auf mögliche therapeutische Ansätze, also im Hinblick auf die Frage, wie man Menschen, die an psychischen Störungen leiden, zu mehr geistiger Gesundheit verhelfen kann.

Das Hauptziel buddhistischer Theorie und Praxis der Psychologie besteht darin, alle geistigen Verdunkelungen oder *Kleshas* vollkommen aufzulösen, insbesondere Anhaftung und Zorn.[1] Geistige Störungen, Dysfunktionen und so weiter entstehen vor allem aufgrund der Kleshas des Anhaftens und/oder des Zorns. Diese Kleshas vollkommen zu beseitigen, darum also geht es im Buddhismus; daneben jedoch besteht noch eine Art sekundäre therapeutische Absicht. Mir scheint, daß manches aus dem Buddhismus recht gut für die Therapie zu gebrauchen wäre. Meine eigene Erfahrung jedenfalls sagt mir, daß psychisch gestörte oder durch Drogen aus der Bahn geworfene Menschen

1 Im allgemeinen werden drei Kleshas genannt: Anhaften oder Leidenschaft, Zorn oder Aggression und Unwissenheit oder Verblendung; manchmal sind es auch fünf, Zorn, Hochmut, Leidenschaft, Eifersucht und Unwissenheit, wobei gelegentlich noch ein sechster Klesha genannt wird.

manchmal zu mehr innerem Gleichgewicht zurückfinden, wenn sie in buddhistische Gedanken und Praktiken eingeführt werden.

Was nun das erste dieser beiden Gebiete angeht – Erforschung der Natur des Geistes –, so gibt es vermutlich nirgendwo eine umfassendere Sicht und Erklärung als im Buddhismus. Was freilich in buddhistischen Texten über Geist, Erkenntnis und so weiter gesagt wird, beruht auf ganz anderen Voraussetzungen als die Experimente, die in der Psychologie angestellt werden. Wir haben also eine Menge von den Psychologen zu lernen. Es wäre sicherlich auch wertvoll, die in diesen Experimenten gewonnenen Ergebnisse mit den Darstellungen des Buddhismus zu vergleichen.

Wie würden Sie nun vom Standpunkt der westlichen Psychologie aus die Existenz des Bewußtseins, also des Instruments der Erkenntnis beweisen?

Rosch: Tja, das ist genau das, was die westliche Psychologie nicht kann; jedenfalls dann nicht, wenn wir uns an die Regeln halten.

Dalai Lama: Als Psychologen haben Sie mit Erkenntnis und Bewußtsein zu tun. Aber wie kann es eine Wissenschaft geben, wenn Sie gar nicht genau wissen, womit Sie es zu tun haben? Psychologen unterscheiden zwischen Kognition und Materie oder zwischen Kognition und dem, was nicht Kognition ist, nicht wahr?

Wenn die Erforschung des Geistes nur über die Analyse des Verhaltens läuft, das ja ein Produkt des Geistes ist, und es demnach keinen direkten Zugang zum Geist gibt, dann könnte es nützlich sein, Techniken zu Hilfe zu nehmen, die diesen direkten Zugang zum Geist eröffnen. Genau das ist in den buddhistischen Texten dargelegt, aber wir finden es auch in anderen Traditionen, die einen meditativen, das heißt direkten Zugang zum Geist suchen und uns erklären, wie wir uns ihm annähern können.

Geist ist nicht wie Materie. Von etwas Materiellem kann man sich ein visuelles Bild machen und darüber meditieren – das ist beim Geist nicht so. Aber es gibt doch eine Möglichkeit, sich den Geist zu vergegenwärtigen, und die besteht darin, ihn von äußeren Gegenständen abzuziehen. Ohne die Ausrichtung auf seine Gegenstände bleibt der Geist allein übrig. Wenn Sie Achtsamkeit üben, haben Sie dadurch die Möglichkeit, die Ablenkung Ihres

Geistes durch äußere Gegenstände zu verhindern. Dann können Sie über Ihren eigenen Geist meditieren. Das mag am Anfang schwierig sein, aber Sie werden, wenn Sie merken, daß Ihr Geist wieder abgelenkt ist, die Achtsamkeit verstärken und bei der nächsten Ablenkung wiederum verstärken und so weiter. So kommen Sie nach einiger Zeit zu einer Erfahrung von Klarheit und Luzidität. Dann ist da nur noch ein Eindruck von lichtvoller Klarheit, reinem Wasser vergleichbar, und wenn diese Klarheit mit einem Gegenstand zusammentrifft, stellt sie sich im Erscheinungsbild dieses Gegenstands dar. Für sich allein hat sie einfach dieses Lichtvolle und Klare. Das wichtigste an dieser Art von Schulung ist Zeit: Sie brauchen einfach Zeit. Aber ganz allmählich wird die Erfahrung durch diese Schulung klarer und klarer. Und so ist es möglich, die Natur des Geistes unmittelbar zu sehen.

Karma und Kontinuität

Rosch: Ein weiteres inhaltliches Gebiet, das man vielleicht beim Vergleich von Buddhismus und Kognitionspsychologie betrachten möchte, ist das von Karma und Kontinuität. Im Buddhismus gibt es zwar kein reales Ich, aber doch ein Ichgefühl, das von größter Bedeutung ist, und sogar eine kausale Kontinuität der eigenen Erfahrung – das ist Karma. Wo in der westlichen Psychologie von Lernen und Gedächtnis die Rede ist, dreht sich alles um kausale Kontinuität, aber offenbar in einem etwas anderen Sinne als im Buddhismus. Das könnte ein Ausgangspunkt der Diskussion sein.

Varela: Ich glaube, inzwischen ist sehr klar, daß diese Frage des Ich auch in der westlichen Wissenschaft eine sehr vage und verschwommene Sache ist. Es gibt nicht einmal innerhalb der Wissenschaft eine klare Doktrin. Die Menschen verbinden ja im allgemeinen durchaus bestimmte Gefühle mit dieser Frage. Wenn man ihnen erzählt, daß der Buddhismus nicht an ein Ich glaubt, sagen sie: »So ein Blödsinn. Ich erinnere mich doch noch, wie ich ganz klein war.« Man greift also auf das Gedächtnis zurück und sieht die Kontinuität durch das Erinnerungsvermögen gegeben. Aber es ist immer auch etwas Unbefriedigendes an solchen Antworten, welche die Kontinuität des »bloßen Ich«[1] an dem festmachen wollen, was uns als Kontinuität des Erinnerungsvermögens erscheint.

Ich kann sagen: »Ich bin hier«, aber im Westen haben wir außerdem noch die Vorstellung, daß dieses bloße Ich dadurch etwas Festes und Reales ist, daß ich mit einem Gefühl von Zeit, von Jahren, über es sprechen kann. Ich kann also nicht nur sagen, daß ich Francisco bin, sondern auch, daß ich gestern hier war und dergleichen. In gewisser Weise habe ich seit einundvierzig Jahren dasselbe bloße Ich. Und wenn wir zum erstenmal von der buddhistischen Lehre des Nicht-Ich hören, fragen wir normalerweise: Wie denn das? Wenn es kein Ich gibt, wie wollt ihr dann die Tatsache der Kontinuität erklären? Es wäre vielleicht interessant zu erfahren: Sehen Sie diese Kontinuität nur im Sinne eines Episoden- oder Ereignis-Gedächtnisses?

Dalai Lama: Wenn Buddhisten vom Nicht-Ich sprechen, meinen sie nicht das bloße Ich, denn das bloße Ich ist vorhanden. Wie man sehen kann, daß dieser Körper jetzt anders ist, als er in meiner Jugend war, so können Sie auch von Ihrem bloßen Ich in der Zeit Ihrer Kindheit sprechen. »Ich« ist eine Bezeichnung, die sich auf die Kontinuität der Skandhas gründet. Wie Ihr jetziger Körper die Fortsetzung Ihres Körpers als Kind ist, so gibt es ein Ich, das mit dem gleichen Kontinuitätsverständnis so genannt wird.

Ich glaube, der buddhistische Begriff »bloßes Ich« bedarf noch weiterer Klärung. Wenn wir vom bloßen Ich in der buddhistischen Philosophie sprechen, ist damit nicht gemeint, daß dieses Ich keinerlei reale Basis hat; wir sagen damit nur, daß es kein in ihm selbst liegendes Sein hat.

Varela: Welche Basis könnte man dem bloßen Ich dann zuschreiben? Wie erklärt man, daß es Kontinuität hat, obwohl es ohne Substanz ist? Ich sage also, daß ich ein bloß so bezeichnetes Ich

1 Eine der grundlegenden Lehren des Buddhismus besagt, daß es kein durchgängiges oder wesenhaftes Ich gibt. Statt dessen, so sagte der Buddha, findet der forschende Blick nur das Wirken der fünf Skandhas (Sanskrit: »Anhäufungen«): Form, Empfindung, Wahrnehmung, Formkräfte und Bewußtsein. In manchen buddhistischen Schulen, auch in der vom Dalai Lama vertretenen Prâsangika-Mâdhyamika-Schule, finden wir die Idee eines »bloßen Ich«, dem aufgrund von begrifflichen Zuschreibungen eine auf Übereinkunft gegründete Wirklichkeit zukommt.

namens Francisco habe. Weshalb kann ich nicht zwei Sekunden später ein bloß so genanntes Ich namens Thubten Jinpa haben? Wie wird das erklärt? Im Westen würden wir wohl den kumulativen Charakter des Gedächtnisses als Begründung anführen; durch das Erinnern einer irgendwo im Gehirn gespeicherten Kausalsequenz kann ich sagen: Das bin ich. Also, wenn das die westliche Erklärung ist, wie würde dann die entsprechende Erklärung der buddhistischen Philosophie aussehen?

Dalai Lama: Ein Buddhist wird vielleicht eine ähnliche Antwort geben. Die Kontinuität Ihres Körpers ist nicht die Kontinuität von Thubten Jinpas Körper. Wie könnten Sie Thubten Jinpa sein? Eine andere Antwort würde lauten, daß Sie diese persönliche Geschichte haben, Ihre Erinnerungen und so weiter, aber das heißt nicht, daß Ihr Gedächtnis das Ich ist.

An dieser Stelle müssen wir uns vergegenwärtigen, wie das begriffliche Denken – im Unterschied zur direkten Wahrnehmung – nach buddhistischer Auffassung im Hinblick auf ein Objekt funktioniert. Wenn das begriffliche Denken sich mit Objekten befaßt, dann geschieht das in der Regel über einen Prozeß der Ausschließung. Das ist ein wichtiger Zug der buddhistischen Erkenntnislehre. Wie identifiziert man etwas? Durch ein fortschreitendes »nicht dies, nicht dies, nicht dies ...«. Sie erkennen dann, was nach diesem Ausschließungsprozeß übrigbleibt. Sogar ein und dasselbe Ding, dieses Buch hier zum Beispiel, hat viele Aspekte. Es ist nur ein Buch, aber dann ist da noch die Tatsache seiner Vergänglichkeit, daß es ein Produkt ist, daß es weiß ist und so weiter. Wenn der begriffliche Geist diese Aspekte erkennt, so geschieht das auf sehr selektive Weise. So ist es auch mit dem bloßen Ich eines Menschen: Es ist zwar eine einzige Gegebenheit, aber man kann doch etliche Aspekte an ihm unterscheiden. Nehmen Sie etwa mich. Da ist ein Ich, das Mönch ist, ein Ich, das Tibeter ist, ein Ich, das aus Amdo [Landstrich in Tibet] stammt, und so weiter. Viele verschiedene Ichs also, und manche älter, manche jünger. Das Ich, das Tibeter ist, beispielsweise, existierte schon vor dem Ich, das Mönch ist. Das Mönchs-Ich entsteht erst, wenn man Mönch wird. Wenn Sie es genau betrachten, sehen Sie, daß diese eine Ich-Wesenheit viele Facetten hat.

Varela: Aber gibt es dann noch ein Ich, das sagt: Ich bin alle diese Ichs zusammen? Ist da jemand, der sagt: »Ja, ich bin Chilene und Wissenschaftler« und so weiter? Wer ist das? Und die Annahme, daß es eine solche Person geben muß, entspringt ja nicht meiner Phantasie. Als Seine Heiligkeit sagte: »Ich bin Mönch, ich bin Tibeter« – wer sprach da? Wer ist das? Derjenige, der sagt: Ich bin dies, ich bin das – wer ist das?

Jinpa: Das ist das Ich.

Dalai Lama: Nehmen wir zum Beispiel an, Sie ärgern sich über sich selbst. Das sind dann zwei Ichs, aber eigentlich ist es doch dieselbe Ich-Kontinuität. Diese zwei Ichs werden aufgrund des Zeitunterschieds ihres Auftretens als verschieden bezeichnet.

B. Alan Wallace (Dolmetscher): Hier ist vielleicht noch nicht ganz klar, daß das bloße Ich, buddhistisch gedacht, auf konkrete Weise wirksam werden kann. Wie dieser Stift hier etwas Konkretes bewirken kann, so können auch Sie und ich es, obgleich wir bloßes Ich sind, rein begrifflich so bezeichnet. Wenn wir im westlichen Sinne etwas als »rein begrifflich« ansprechen, dann meinen wir damit, daß es nichts bewirken kann.

Dalai Lama: Wir müssen uns hier vielleicht noch etwas anderes klarmachen, nämlich den Begriff der Allgemeinheit. Wenn Sie irgendwo eine Vase sehen, können Sie sie als Vase benennen. Sie wissen, daß es eine Vase ist. Und wenn Sie an einem anderen Ort wieder eine Vase sehen, sagen Sie gleich: »Oh, das ist eine Vase.« Weshalb wissen Sie das, schließlich ist es ja eine andere Vase als die erste? Weshalb sehen Sie, daß es eine Vase ist?

Um verallgemeinern zu können, müssen Sie abstrahieren können. Zum Beispiel wissen Sie, daß dieser Tisch keine Person ist, und so betrachtet hat dieser Tisch etwas Nichtpersönliches. Dieses Nichtpersönliche ist nicht konkret, nicht greifbar, aber es ist da, weil Sie es erkennen. Sie sind sich der Tatsache bewußt, daß der Tisch keine Person ist, aber diese Tatsache ist nicht zu greifen.

Es gibt viele Phänomene dieser Art – geistige Konstrukte von abstrakter oder rein begrifflicher Natur. In diese Kategorie gehören auch Verallgemeinerungen der Art, wie sie unserem naturgegebenen Ichgefühl zugrunde liegen, das ja weniger durch bestimmte Ereignisse als vielmehr durch ein Kontinuitätsgefühl geprägt ist: dieses Ich, das frühere Ich, das Ich des nächsten Lebens.

Hayward: Für mich ist das bloße Ich kaum von einem immanenten Ich zu unterscheiden. Hier haben wir so ein bloßes Ich. Dieses Ich ist ein Mann. Eben dieses Ich ist in England geboren, hat siebenundvierzig Jahre gelebt und hält sich im Augenblick in Dharmsala auf. Jetzt brauchen wir nur noch die Wiedergeburt nach dem Tod dieses Ich hinzuzufügen, und schon haben wir eine Seele.[1]

Dalai Lama: Wenn Sie das Wort »Seele« benutzen, kommt damit eigentlich eine ganz andere Thematik ins Spiel. Auf das bloße Wort »Seele« kommt es dabei natürlich nicht an. Nicht das Wort ist zurückzuweisen, sondern die Theorie, die es im Schlepptau hat. Wenn man die Existenz einer Seele postuliert, meint man damit normalerweise eine Art Ich, das man sich als dauerhaftes, einheitliches Gebilde vorstellt. Mit der buddhistischen Sicht hat das nichts zu tun.

Hayward: Deswegen benutze ich ja das Wort »Seele«. Nach Ihrer Beschreibung des bloßen Ich habe ich den Eindruck, als wäre dieses Ich dasselbe wie vor siebenundvierzig Jahren. Ich bin immer ich, dieses Ich. Das klingt in meinen Ohren nach etwas Permanentem.

Dalai Lama: Hier kommt es darauf an zu sehen, daß es wohl Fortdauer gibt, das Fortdauernde sich aber von Augenblick zu Augenblick verändert. Nehmen wir mein Ich, als ich zehn Jahre alt war. Wenn mein jetziges Ich und das Ich des Zehnjährigen genau dasselbe wären, dann wäre der Zehnjährige ein älterer Herr, und der ältere Herr wäre ein zehnjähriges Kind. Das klingt ziemlich unsinnig. Sie müßten dann von einem Sterbenden auch sagen, er sei derselbe wie zur Zeit seiner Geburt.

Hayward: Es ist also nicht dasselbe Ich.

Dalai Lama: Doch, es *ist* dasselbe Ich, aber es ändert sich von Augenblick zu Augenblick. Es ist ein Kontinuum, ein und dasselbe Kontinuum. Eine Wesenheit, die sich ändert, aber dieselbe Wesenheit bleibt – ein Kontinuum.

Varela: Ist es dieselbe in dem Sinne, wie ein Wissenschaftler sa-

1 Dr. Hayward stellt hier das bloße Ich aus buddhistischer Sicht in Frage. Sein Ansatzpunkt besteht darin, daß die buddhistische Nicht-Ich-Lehre die Existenz einer Seele vollkommen ausschließt.

gen würde, daß dieser Körper derselbe bleibt, auch wenn alle seine Moleküle ausgetauscht werden?

Dalai Lama: Ja, so ist es.

Varela: Das Muster bleibt also dasselbe. Aber auch dieses Muster, das Muster des Körpers, verschwindet, wenn ich sterbe, nicht wahr? Und wie ist es mit dem Muster des Geistes?

Dalai Lama: Der Tod betrifft nur die gröbere Seite des Körpers. Der subtile Körper wird dann immer noch da sein.

Varela: Ja gut, diese Richtung möchte ich jetzt weiterverfolgen. Für einen westlichen Wissenschaftler ist das, was Sie eben gesagt haben, gut und schön. Ich möchte jetzt zu den, wie Sie sagen, subtileren Schichten der Kontinuität kommen. Angenommen, ich sterbe. Die westliche Wissenschaft würde sagen, daß dieses Muster, das wir Ich nennen, für immer verlorengeht und nichts davon bleibt. Die Buddhisten sagen: Nein, es bleibt etwas. Wie beschreiben Sie nun diese Kontinuität?

Dalai Lama: Hier kommen jetzt die subtilen Aspekte des Geistes ins Spiel.

Karl Jaspers
Das Werden des Menschen in der Politik

1. Politik orientiert sich an zwei Polen: der möglichen Gewalt und dem freien Miteinander.

Gegen Gewalt ist Abwehr durch Gewalt nötig, es sei denn, man sei bereit, durch Gewaltlosigkeit Sklave anderer zu werden oder zugrunde zu gehen. Das freie Miteinander bringt eine Gemeinschaft hervor durch Institutionen und Gesetze. Gewaltpolitik und Beratungspolitik stehen in ihrem Sinn gegeneinander; wie sie sich verbinden, das macht die Praxis der Politik, wenigstens bis heute und für nicht absehbare Zeit.

Man unterscheidet Außen- und Innenpolitik. Welche den Vorrang hat, ist durch die Situation eines Gemeinwesens gegenüber anderen Gemeinwesen bestimmt. Aber die Formen beider können ineinander übergehen. Die Außenpolitik entspringt der Politik der Gewalt, der alles Reden zur List wird. Doch durch Verträge, internationales Recht drängt sie dahin, wo sie sich selbst verwandeln würde bis zur Ausschließung von Gewalt. Die Innenpolitik umgekehrt nimmt Züge der Außenpolitik an, wenn die Politiker im Kampf zur List schreiten, zur Lüge, zur verderblichen Geheimhaltung, zum Erzwingen von Unrecht, bis es zum Bürgerkrieg kommt oder bis die einen als Untertanen sich den anderen unterwerfen.

Eine Täuschung ist es, zu meinen, politische Macht sei nichts anderes als Macht durch Gewalt. Große geschichtliche Ereignisse lehren uns das Handeln und die Macht ohne Gewalt. Die entgegengesetzte Täuschung ist es, zu meinen, Politik sei nur der Aufbau der Gemeinschaft in Freiheit; Gewalt sei eine politikwidrige Anomalie. Dagegen spricht die Tatsache, daß Gewalt immer Grenze und Hintergrund geblieben ist. Wenn das im allgemeinen Bewußtsein fast vergessen wurde, wie im Zeitalter der europäischen Sekurität vor 1914, dann bricht sie alsbald nur um so maßloser durch und zeigt ihre finstere Majestät.

2. Die Erscheinungen der politischen Geschichte erwecken ein Grauen. Menschen muten an wie Teufel. Unverändert von Urzei-

ten her ist der Trieb, zu herrschen, Gewalt anzuwenden, zu töten, zu quälen, zu foltern. Er mag wohl eine Weile verschleiert sein und gezähmt scheinen. Es täuscht.

Aber Menschen, wie sie auch seien, müssen miteinander leben. Das ist Voraussetzung für ihr Dasein. Von Anfang an haben sie daher in Gemeinschaften gelebt, in denen sie einander helfen und durch die sie sich nach außen verteidigen oder – einige, nicht alle – auf Eroberung und Beute gehen.

Sieht man die Gewalttätigkeit des Menschen und seinen unbiegsamen, dumpfen Eigenwillen, so erstaunt man: Es ist wie ein Wunder, daß Menschen nicht nur Räuberbanden gebildet haben. Sie haben geordnete politische Zustände, Rechtsstaaten hervorbringen können, haben Gemeinschaften von Bürgern gestiftet. Mächtige Kräfte anderer Herkunft müssen in ihnen liegen, die das vermögen.

Die Ordnungen der Menschen werden jene gewalttätigen Mächte nie los. Daher sind Ordnungen immer auch ungerecht und bedürfen der Besserung. Ferner müssen sie bei der ständigen Änderung der geschichtlichen Daseinsbedingungen ihrerseits ständig sich wandeln. Wir können die Welt nicht richtig einrichten, daher nicht in eine nun unveränderliche Dauer bringen. Menschen erreichen keine Vollendung. Wie Kant es milde ausdrückt: Aus so krummem Holze kann nichts ganz Grades geschnitzt werden.

Die Erscheinungen des chaotischen Daseins einerseits und die gründenden, stiftenden, ordnenden Ursprünge andrerseits machen in ihrem Kampfe miteinander die Geschichte.

3. Darum ist Politik die größte Sache für das Dasein miteinander in der Welt. Die Staatsmänner haben ein hohes Ansehen wegen ihrer faktischen Macht und weil sie das gemeinschaftliche Daseinsschicksal bewirken. Menschen und Völker danken ihnen oder verfluchen sie. Sie wachsen ins Unheimliche. Auch da, wo sie Unheil und Zerstörung bewirken, werden sie nicht vergessen. Es kennzeichnet die Menschen und ihr politisches Denken, welchen Staatsmännern der Geschichte ihr Herz sich zuwendet, in welchen sie Größe sehen.

Größe des Staatsmannes sehen wir dort, wo er sich der Verantwortung für die Freiheit bewußt ist.

Sie liegt nicht schon in der machtvollen, grausigen Herrlichkeit eines geisterfüllten Tigers, wie etwa Cäsar, und gar nicht in der Tötungsgewalt eines schlauen, Machtsituationen exakt spürenden Insekts, wie etwa Hitler. Cäsar zu gehorchen, erhob noch einmal ein großes Volk, in dem zugleich die Gegner erwuchsen, die der Freiheit wegen ihn ermordeten. Hitler erniedrigte uns, unser Volk und jeden Einzelnen, am meisten die, die ihm folgten, und niemand vermochte aus dem reinen Willen zur politischen Freiheit ihn zu vernichten.

Jene Verantwortung aber des großen Staatsmannes, wie etwa des Solon, des Perikles, vollzieht jene doppelte Orientierung: an der Gewalt und an der Freiheit mit ihrer gewaltlosen Vernunft. Selbstbehauptung durch Gewalt verlangt List und Lüge, Vernunft dagegen Offenheit, Wahrhaftigkeit und zuverlässigen Vertrag. Selbstbehauptung verlangt Verantwortung für die faktischen Folgen eines politischen Tuns für die Macht des eigenen Staats. Vernunft verlangt die moralische Gesinnung, die dem Erfolg, der Gewalt und der Macht nur zustimmt, wenn sie im Dienste der überpolitischen Aufgabe des Menschen bleiben.

Ein großer Staatsmann kann im Sinne der bloßen politischen Selbstbehauptung verantwortungslos werden, wenn er auf Erfolg und Macht verzichtet, sobald diese als Preis die Gesinnungslosigkeit verlangen. Es gibt keine grundsätzliche Lösung. Wie die Gesinnung in die Verantwortung für die Folgen aufgenommen, die Verantwortung selber Gesinnung wird, das ist die geschichtliche je einmalige Entscheidung, nicht ein Ausgleich.

Niedrig ist der Politiker ohne jene Spannung: er tut, was gerade den geringsten Widerstand bietet und für den Augenblick erfolgreich scheint. Groß ist der Staatsmann, der in dieser Spannung das Handeln der Selbstbehauptung findet, das sein Volk und ihn zum Adel des Menschseins steigert, der tut, was er für immer auf sich zu nehmen gewillt ist. Er kann nicht der sogenannten Realpolitik und dem Opportunismus sich unterwerfen. Er will die staatliche Gemeinschaft, der er dient, nicht durch verwerfliche Handlungen, die für den Augenblick erfolgreich scheinen, moralisch vernichten. Mit dem, was er tut, erzieht er zugleich die Staatsbürger. Er bleibt nicht um jeden Preis an der Macht, wenn sein Gewissen, politisch und moralisch zugleich, es ihm verbietet, zu verantworten, was gegen Interesse und Würde des eigenen Volkes geschieht.

4. Das Ziel der Politik kann in diesem einen Satz ausgesprochen werden: Mit der politischen Freiheit wird der Mensch, der er selbst ist, zugleich mit der Freiheit im Innern seines Staatswesens und mit der Selbstbehauptung nach außen.

Die der Politik vorhergehende überpolitische Frage ist: Wie soll die Politik vor sich gehen, wenn wir uns selbst in ihr aus dem Grund der Dinge her bejahen können? Darauf die Antwort ist jener Satz, den ich wiederhole: Nur die politische Freiheit kann uns zum ganzen Menschen werden lassen.

Gewalt soll durch die Politik bewältigt werden zugunsten der Macht des Rechts und der persönlichen Freiheit. Für diese gibt es nur eine Grenze: soweit sie mit der Freiheit der anderen zusammen bestehen kann.

Die Politik will Bändigung der Gewalt durch Miteinanderreden, durch Vertrag, durch gemeinschaftliche Willensbildung auf legalem Wege. Dieser Zustand braucht die zu ihm gehörenden Staatsmänner. Sie wollen nicht Diktatoren sein, weil sie keine Lust haben, über Sklavenseelen zu herrschen. Sie begehren die Macht nur für die Zeit ihres Auftrages, solange sie das Vertrauen ihrer Völker, das Vertrauen von Bürgern, nicht von Untertanen haben, und verzichten, sobald sie dieses Vertrauen verlieren. Sie hassen die Gewalt, aber sind die wahren Demagogen, das heißt Erzieher der Völker zur Politik. Sie sagen ihnen, was diese eigentlich wollen, in den konkreten Situationen durch Tatsachen und Gründe, so daß die Bürger, selber prüfend, in ihnen ihre eigene Urteilskraft wiedererkennen und in ihren Entschlüssen beflügelt werden. Ihre Worte und Taten werden noch nach Jahrtausenden erinnert.

5. Aber nicht aus dem Nichts kam die politische Freiheit. Geschichtlich das erste war eine noch unpolitische lebendige Freiheit. Ein Freiheitswille, erfüllt durch Bindungen, war nicht leer, sondern bewahrte den Gehalt überlieferter Substanz im gemeinschaftlichen Leben. Woher solche sich ihrer selbst noch gar nicht bewußte Freiheit kam, ist unbegreifliches Geheimnis. Von Rasse- und Völkerbegabungen zu reden, ist leer und zugleich für die Größe der Sache erniedrigend.

So hatte die Freiheit der griechischen Polis ihre Voraussetzung in dem griechischen Freiheitswillen seit Homer und den Ioniern, erreichte ihren ersten Gipfel in dem einzigen Solon und ihre Vollendung im Perserkrieg mit seinen Folgen. – Das freie Bauernleben der Schweizer war Voraussetzung für die Schwurgemeinschaft, die im dreizehnten Jahrhundert in einer Urkunde mit einfachen herrlichen Grundsätzen die Konstituierung der inneren Freiheit zugleich mit der uneingeschränkten Opferbereitschaft in der Abwehr der Unterdrückung von außen vollzog. – Die amerikanische Freiheit gründete in der Gesinnung der Pilgerväter und des in vielen Gemeinschaften entfalteten amerikanischen Lebens. In der Revolution gegen England wurde mit dem Sieg zugleich die innere Verfassung, erst die einzelner Staaten, dann des Bundes konstituiert. Überall kamen erst später die Lehren über den Sinn des Ganzen, in denen Gründer und Nachfahren sich dessen vergewisserten, was sie erhalten wollten.

Kant sagte, die wichtigsten Ereignisse der neueren Geschichte seien die schweizer, holländischen, englischen Freiheitskämpfe gewesen. Aus ihrem Geist ist der amerikanische Freiheitskampf in neuer Ursprünglichkeit erwachsen. Wunderbar der Mut, der hohe Schwung, das Maß, die Besonnenheit all dieser Freiheitskämpfer, die aus der Eigenständigkeit auch die Kraft hatten, den der bloßen Gewalt gehorchenden Massen durch die eigene Gewalt, klüger und opferbereiter, überlegen zu werden.

Nur je für eine Weile hat es bisher diese zuverlässige politische Freiheit gegeben, uns Nachfahren für immer zur Ermutigung und zum Vorbild.

6. Das Unheimliche: In der Freiheit selber liegt ein Grund des Verderbens.

Die Welt politischer Freiheit ist verloren ohne große Staatsmänner, die durch die Schulung freier Männer zuverlässig von Generation zu Generation neu erwachsen. Mit allem, was sie tun, kämpfen sie in den gegebenen Chancen der Freiheit für diese. Sie kennen die Gefahr. Das Wagnis lohnt sich ihnen, weil es um das höchste Daseinsgut der Menschen geht. Sie haben Mut, Urteilskraft und Geduld. Von ihnen gilt, was von Perikles berichtet wurde: daß man ihn, seitdem er Athen lenkte, nicht mehr habe lachen sehen.

Anders die Politiker. Sie sind opportunistische Realisten, Betriebmacher, listige Menschen und Erpresser. Unbekümmert vital handeln sie im Namen der Freiheit gegen die Bedingungen der Freiheit. Sie entziehen sich, wenn sie bloßgestellt sind, durch Lügen und durch Witz. Durch ihr Verhalten verhöhnen sie das Parlament, das, gleicher Art, es kaum merkt und nicht daran denkt, solche Frevler am Geist der Politik aus dem Sattel zu werfen. Mit sentimentalen Sprüchen täuschen sie einen Ernst vor. Sie sind Verderber der Freiheit.

Dieser Typus von Politikern hält seine Aufgabe, ohne Berufung, für einen Beruf, einen vielfach aussichtsreichen, mit gutem Einkommen und Pensionsberechtigung. Sie meinen, er sei risikolos. Sie denken ohne Verantwortung. Daher unterwerfen sie sich, in Gefahr ratlos, jeder sie vermeintlich sichernden oder wenigstens rettenden Macht, wie 1933. Kaum etwas war erniedrigender für sie und ihren Staat und kaum etwas richtiger als die Verachtung, die Hitler und Goebbels 1933 in ihren sie vollends in die Kniee zwingenden Hohnreden über sie ergossen.

Der Geist der freien Welt gibt ein zweideutiges Bild. Wir freien Völker sind noch keineswegs politisch eigentlich frei. Im wirtschaftlichen Wohlergehen, im Weiterschliddern, in bloßen Aufregungen liegt keine Freiheit. Die Aristokratie der Einsichtigen vermindert sich. Die Verteilung der Verantwortungen erzeugt Verantwortungslosigkeit. Die Demokratie wird zur Parteienoligarchie. Was Kultur hieß, wird in weitem Umfang zu den Seifenblasen eines Literatentums. Der Geist verliert seinen Ernst.

Daher werden die Völker nicht innerlich ergriffen von den ungeheuren Drohungen, die über ihnen schweben. Höchstens haben sie einmal Angst, die, wenn es wieder gut gegangen ist, schnell vergessen wird. Wenige spüren, wohin es mit der Freiheit der Menschen im eigenen Staat und auf der Erde zu gehen droht.

7. Dieser im Wohlergehen scheinbar solide Zustand kann plötzlich umschlagen, wenn Massen und Intellektuelle, gleicherweise bodenlos, zum Material für totale Herrschaft geworden sind. Wenn man schon im Zustand der nicht mehr begriffenen, äußerlich gewordenen Freiheit »freiwillig« in die Knechtschaft unter Nichtigkeiten der glaubenslosen Welt geht, dann ist nach einer Weile auch der Verlust jener äußerlichen Freiheit die Folge. Es ist, als ob in Deutschland der gewaltige Lärm des Geistes und des politischen Betriebes vor Jahrzehnten das Grab seiner Freiheit sich selbst geschaufelt habe, und als ob heute, nach glücklicher Rettung Westdeutschlands von außen, dort von innen dasselbe noch

einmal geschehen könne. Drohen aber der gesamten westlichen Welt nicht dieselben Gefahren?

8. Angesichts der Unheilszeichen der Zeit für die Freiheit erhalten die grundsätzlichen Einwände gegen die Möglichkeit der Freiheit ein verführendes Gewicht.

Ist die politische Freiheit nicht eine Utopie? Ist sie nicht bloß die Gesinnung weniger Menschen innerhalb des Abendlandes seit den Griechen, und wird sie nicht von den meisten Abendländern und von der gesamten übrigen Menschheit, in Blindheit für sie, praktisch verworfen?

Ich möchte nicht die Menschen verleugnen, die politische Freiheit nie gekannt und nie hervorgebracht haben, die im metaphysischen Denken, in Dichtung und Kunst eine Tiefe erfahren haben, die uns wundersam anspricht. Ich möchte auch nicht die Größe von Herrschern verleugnen, in China, in Indien, in den ältesten Kulturen, seit den Sumerern. Aber es ist dort doch überall etwas, das uns, wenn wir ihnen innerlich ganz nahe zu kommen scheinen, noch immer befremdet. Auch in unserem geistlichen Mittelalter begegnen uns große Persönlichkeiten, ihrer selbst kaum bewußt, darum um so mächtiger in ihrem Eindruck, aber es liegt ein in der Befremdung erfahrener unheimlicher Abgrund zwischen ihnen und uns. Es sind niemals Persönlichkeiten, die uns vielmehr erst dort begegnen, wo politische Freiheit gewollt, gefunden oder wo sie qualvoll entbehrt wird.

Wir können auch nicht bauen auf die Geschichte als einen Fortschrittsprozeß der Freiheit. Es gab im Abendlande seit Juden und Griechen, seit der Polis und der römischen Republik, seit dem städtischen und freibäuerlichen Mittelalter und in den heutigen von ihnen her stammenden altfreien Gebieten politische Freiheit in kräftigen Ansätzen, immer erstaunlich, weil sie aus der überwältigenden Menge unfreien menschlichen Daseins auftauchen, unendlich kostbar, immer aufs höchste gefährdet.

Die politische Freiheit wurde nur in kleinen Umkreisen hervorgebracht. Sie konnte auch abseits wie im alten Island eine geistig im Vergleich zu Griechen, Holländern, Angelsachsen zwar geringe, doch großartige Wirklichkeit gewinnen. Aber überall ging sie bald verloren. Die Realität der überwältigenden Mehrheit der Völker und Staaten spricht gegen die Freiheit.

Die Tatsachen stützen den schwersten Einwand: Die Freiheit ist unmöglich, denn der Mensch ist durch sie überfordert. Die unentrinnbare, zum Höchsten ermutigende, aber auch der größten Gefahr aussetzende Situation ist: Der Mensch soll, um eigentlich Mensch zu werden, frei werden, was er doch als realer Mensch in der Menge eines Volkes faktisch nicht kann.

9. Aus diesem Einwand folgert man: Herrschaft durch fraglose Autorität muß sein. Sie war immer und überall. Sie wird heute Rußland und China die Übermacht in der Welt verschaffen.

Die Alternative zur politischen Freiheit ist in der Tat die Gewalt der Autorität, die Herrschaft einer kleinen Minorität über die große Majorität im Namen einer von allen anzuerkennenden Autorität.

Gegen den autoritären Herrschaftszustand spricht aber unüberwindlich der Satz: Es sind immer Menschen, die über Menschen herrschen. Nie ist Gott oder die absolute Wahrheit in der Welt. Es sind immer nur Menschen, die im Namen Gottes oder der absoluten Wahrheit die Autorität beanspruchen, nicht Gott oder die Wahrheit selbst. Es sind nur Menschen, die Gewalt im Dienste der Autorität anwenden. Diese Autorität verdient keinen Glauben. Sie ist in jeder ihrer Gestalten durch schändliche, niederträchtige, böse Handlungen diskreditiert.

10. Wir sollen es uns nicht leicht machen, als ob die Freiheit selbstverständlich wäre.

Können wir überhaupt den Satz, die politische Freiheit sei im Wesen des Menschen gegründet, aufrechterhalten?

Hier kann es eine zwingende Erkenntnis des Richtigen nicht geben. Es handelt sich um eine Wesensentscheidung in der Denkungsart des ganzen Menschen, jedes Einzelnen mit seinen politischen Schicksalsgefährten.

Vor der Alternative stehend, müssen wir wissen, wofür wir leben, auf was hin wir, soweit es an uns liegt, die Zukunft gründen wollen. Einsicht und Entschluß entscheiden. Sie sind im Philosophieren zu uns selbst geworden.

In der Freiheit ist zwar das Verderben groß, das völlige Verderben möglich. Ohne Freiheit aber ist das Verderben gewiß.

Die politische Freiheit, dem eingeborenen Adel des Menschen gemäß, erlaubt Hoffnung. Der andere Weg ist von vornherein hoffnungslos. Wir verachten uns selbst, wenn wir den Mut der Vernunft aufgeben, in dem die Hoffnung gründet.

Und wenn der Mensch verschlungen werden sollte von der Gewalt, so war seine Wahrheit doch dieser sein Weg zur Freiheit. Sie wird nicht widerlegt durch Scheitern, ebensowenig wie die Herrlichkeit der Erde, wenn sie einst wieder im Meer des Kosmos aufgelöst wird, als ob sie nicht gewesen wäre, durch ihren Untergang.

Bernard Lewis
Wandel

In den meisten nahöstlichen Städten bietet das Kaffeehaus – oder manchmal das Teehaus – einen vertrauten Anblick. Dort sieht man zu jeder Stunde des Tages Männer, gewöhnlich nur Männer, friedlich an einem Tisch bei einer Tasse Kaffee oder Tee sitzen. Die einen rauchen eine Zigarette, andere lesen Zeitung oder widmen sich einem Brettspiel und lauschen mit halbem Ohr den Klängen aus dem Rundfunk- oder Fernsehgerät, das in einer Ecke steht.

Rein äußerlich unterscheidet sich dieser nahöstliche Cafébesucher kaum von seinem Pendant in Europa, wie es insbesondere in den europäischen Mittelmeerländern anzutreffen ist. Doch ähnelt er in nichts seinem Vorgänger am selben Ort vor fünfzig oder gar hundert Jahren. Das gleiche gilt natürlich für den europäischen Kaffeehausgast, aber die beiden Beispiele sind keineswegs identisch. Die Wandlungen im Äußeren, im Auftreten, in der Kleidung und im Verhalten, die der Europäer in jenem Zeitraum durchlaufen hat, sind ganz überwiegend europäischen Ursprungs. Es sind Wandlungen, die mit wenigen Ausnahmen innerhalb der Gesellschaft erfolgten, und selbst diese Ausnahmen jüngeren Datums sind aus der engverwandten Gesellschaft Amerikas hervorgegangen.

Im Nahen Osten dagegen kamen die Wandlungen hauptsächlich von außen, aus den einheimischen Traditionen völlig fremden Gesellschaften und Kulturen. Der in einem Kaffeehaus an einem Tisch und auf einem Stuhl sitzende, Zeitung lesende Mann verkörpert die Einflüsse, die sein Leben und das seiner Eltern umgestaltet haben. Sein Aussehen, sein Tun, seine Kleidung und sogar sein Wesen symbolisieren den ungeheuren Wandel, der den Nahen Osten in der Neuzeit von Westen her überkommen hat.

Die erste, offenkundigste und sichtbarste Änderung äußert sich in seiner Kleidung. Er mag durchaus noch das traditionelle Gewand tragen, aber das ist in den Städten immer seltener der Fall. Höchstwahrscheinlich wird er nach westlicher Mode gekleidet sein: mit Hemd und Hose oder heutzutage T-Shirt und Jeans. Die Kleidung ist natürlich von enormer Wichtigkeit, nicht nur als Schutz gegen Kälte und Feuchtigkeit und um den Anstand zu wahren, sondern auch, vor allem in diesem Teil der Welt, als Ausweis seiner Identität, als Bestätigung der eigenen Herkunft und als Erkennungssignal für diejenigen, die diese Herkunft teilen. Bereits im siebten Jahrhundert v. Chr. heißt es im Buch des Propheten Zephanja (1,8): »Und am Tage des Schlachtopfers des Herrn will ich heimsuchen die Fürsten und des Königs Kinder und alle, die ein fremdes Kleid tragen.« In jüdischen und später in muslimischen Schriften werden die Gläubigen aufgefordert, sich nicht wie Ungläubige zu kleiden, sondern ihre typische Gewandung beizubehalten. »Zieht euch nicht an wie die Ungläubigen, damit ihr nicht werdet wie sie«, ist ein verbreiteter Befehl. Laut einer dem Propheten Mohammed zugeschriebenen Überlieferung ist »der Turban die Schranke zwischen Unglauben und Glauben«. Eine andere Überlieferung besagt, daß »wer versucht, Menschen zu ähneln, einer von ihnen wird«. Vor gar nicht langer Zeit – und in manchen Gebieten noch heute – hatte jede ethnische Gruppe, jede religiöse Sekte, jeder Stamm, jede Region, manchmal sogar jede Berufsgruppe eine typische Kleiderordnung.

Sehr wahrscheinlich trägt der Mann im Kaffeehaus eine Kopfbedeckung, vielleicht eine Stoffmütze oder – außer in der Türkei – etwas Traditionelleres. Wer jemals einen Friedhof aus osmanischer Zeit besucht hat, wird sich daran erinnern, daß in viele Grabsteine ein Bild der Kopfbedeckung eingemeißelt ist, die der Verstorbene zu Lebzeiten trug. Wenn er ein Kadi war, sehen wir die Kappe eines Kadis; war er ein Janitschar, krönt den Grabstein die einem gefalteten Ärmel gleichende Kopfbedeckung dieser Soldaten. Welcher anderen Schicht er auch angehörte, die entsprechende Kopfbedeckung erscheint als Symbol seines Berufsstandes auf dem Grabstein. Ein Merkmal, das jemandem bis ins Grab folgte, war zu seinen Lebzeiten offensichtlich von großer Bedeutung. Bis vor kurzem hatte die Wendung *şapka giyimek*, einen Hut aufsetzen, mehr oder weniger den gleichen Sinn wie die deutsche Redewendung »sein Mäntelchen nach dem Wind hängen«. Sie bedeutete, daß jemand zum Renegaten, zum Abtrünnigen, wird, zur anderen Seite überwechselt. Heutzutage bevorzugen die meisten Türken, wenn sie überhaupt eine Kopfbedeckung tragen, entweder einen Hut, eine Mütze oder – falls sie fromm sind – ein Gebetskäppi *(takke)*, und die Wendung ist heute kaum mehr geläufig. Westliche Kopfbedeckungen sind jedoch immer noch selten in den arabischen Ländern und noch seltener im Iran. In gewissem Sinne können wir die Etappen der Modernisierung im Nahen Osten anhand der Verwestlichung der Kleidung, insbesondere der Kopfbedeckung, dokumentieren.

Wie die meisten Aspekte der Modernisierung begann der Wandel der Kleidung beim Militär. Für die Reformer hatten westliche Militäruniformen eine gewisse Magie. Während muslimische Heere auf dem Schlachtfeld immer wieder von ihren ungläubigen Feinden besiegt wurden, übernahmen muslimische Herrscher widerwillig nicht nur die Waffen, sondern auch die Organisation und die Ausrüstung einschließlich des westlichen Uniformstils ihrer Gegner. Als Ende des 18. Jahrhunderts die ersten osmanischen Reformtruppen aufgestellt wurden, mußten sie westlichen Drill und westliche Bewaffnung, aber nicht unbedingt westliche Uniformen übernehmen. Es handelte sich um eine soziale, nicht um eine militärische Entscheidung, die von praktisch allen modernen Armeen in muslimischen Ländern getroffen wurde, sogar in Libyen und in der Islamischen Republik Iran. Die Armeen müssen westliche Waffen und Taktiken einsetzen, weil diese am effektivsten sind; sie brauchen keine taillierten Uniformröcke und Schirmmützen zu tragen, aber sie tun es trotzdem. Dieser Stilwechsel ist ein fortdauerndes Zeugnis für die Autorität und Anziehungskraft der westlichen Kultur, sogar bei jenen, die sie heftig zurückweisen.

Selbst bei den militärischen Uniformen wurde die Kopfbedekkung als letzte geändert, und noch heute dürfte in den meisten arabischen Ländern der Mann im Kaffeehaus irgendeine traditionelle Kopfbedeckung tragen – vielleicht eine *kufiya*, deren Muster und Farbe auch seine Stammes- oder Gebietszugehörigkeit anzeigen kann. Die symbolische Zentralität des Kopfes und seiner Bedeckung ist offensichtlich. Für Muslime kam hinzu, daß die meisten europäischen Kopfbedeckungen mit ihren Schirmen und Krempen beim Gottesdienst hinderlich waren. Muslimische Männer beten – ähnlich wie jüdische und im Gegensatz zu christlichen Männern – nicht barhaupt, vielmehr bedecken sie ihren Kopf als

Ausdruck des Respekts. Wenn der Muslim beim Gebetsritual den Boden mit der Stirn berührt, sind ihm Krempe oder Schirm im Weg. Sogar als nahöstliche muslimische Armeen bereits Uniformen mehr oder weniger westlichen Zuschnitts trugen, behielten sie lange Zeit traditionellere Kopfbedeckungen bei. Sultan Mahmut II. (1808–1839), einer der ersten großen Reformer des 19. Jahrhunderts, führte eine neue Kopfbedeckung ein, den Fez, im Arabischen auch als *tarbusch* bekannt. Zunächst als eine gottlose Neuerung abgelehnt und verhaßt, wurde er schließlich akzeptiert und sogar zu einem muslimischen Symbol. Seine Abschaffung im Jahre 1925 durch Kemal Atatürk, den ersten Präsidenten der türkischen Republik, stieß auf genauso heftigen Widerstand wie seine Einführung – und aus den gleichen Gründen. Atatürk, der Meister sozialer Symbolik, ließ keineswegs der müßigen Laune eines Despoten freien Lauf, als er verfügte, daß der Fez und alle anderen Formen der traditionellen männlichen Kopfbedeckung durch europäische Hüte und Mützen zu ersetzen seien. Dies war eine maßgebliche soziale Entscheidung, und er wie seine engsten Berater wußten genau, was sie taten. Darüber waren sich natürlich auch all jene im klaren, die ihm Widerstand leisteten.

Es war nicht das erste Mal, daß sich ein solcher Wandel ereignete. Im 13. Jahrhundert, als die muslimischen Kerngebiete des Nahen Ostens durch die großen mongolischen Eroberungen erstmals seit den Tagen des Propheten Mohammed einer nichtmuslimischen Herrschaft unterworfen wurden, begannen die Muslime, zumindest in militärischen Angelegenheiten, mongolische Bräuche zu übernehmen. Die großen muslimischen Emire – sogar in Ägypten, das die Mongolen nie eroberten – trugen mongolische Kleidung, ritten ihre Pferde mit mongolischem Zaumzeug und ließen sich das Haar nach mongolischem Geschmack lang wachsen, statt es muslimischem Brauch gemäß kurz zu schneiden. Die muslimischen Heere benutzten mongolische Kleidung, Ausrüstung und mongolisches Geschirr aus dem gleichen Grund, aus dem sie heutzutage taillierte Röcke und Schirmmützen tragen: Es waren die Merkmale des Sieges, die zu ihrer Zeit die Erscheinung und die Sitten der bedeutendsten Militärmacht der Welt repräsentierten. Laut Überlieferung behielten sie die mongolischen Frisuren und Ausrüstungsgegenstände bis zum Jahre 1315 bei. Damals, nach der Bekehrung und Assimilation der mongolischen Herrscher des Nahen Ostens, befahl der Sultan von Ägypten seinen Offizieren, das wallende Haar abzuschneiden, auf das mongolische Gepräge für sich und ihre Pferde zu verzichten sowie zu traditionellen muslimischen Uniformen und Schabracken zurückzukehren. Ähnliche Maßnahmen sind in den Armeen des modernen Islam bisher ausgeblieben.

Nach dem Militär war der Palast an der Reihe. Der Sultan selbst erschien in modifizierter westlicher Kleidung, die kaum vom europäischen Vorbild abwich. Es gibt zwei bezaubernde Porträts von Sultan Mahmut II. – vor und nach der Reform der militärischen Kleiderordnung – im Topkapı-Palast in Istanbul. Die beiden eindeutig von demselben Künstler angefertigten Porträts zeigen denselben Sultan auf demselben Pferd, das sich im selben Winkel aufbäumt; doch trägt er auf dem einen ein traditionelles osmanisches Gewand, auf dem anderen einen Rock mit Schnurverschluß und eine Hose. Der Schmuck des Pferdes hat sich auf ähnliche Weise verändert. Atatürk kam wie gewöhnlich zum Kern der Sache. »Wir wollen zivilisierte Kleidung tragen«, sagte er. Aber was bedeutet das? Und warum sollte die Kleidung viel älterer Zivilisationen als unzivilisiert gelten? Unter zivilisiert verstand Atatürk die moderne, das heißt die westliche Zivilisation.

Nach dem Sultan begannen auch die Palastbewohner, westliche Kleidung zu tragen. Der Palast war der erste Ort, an dem die Herrscher Zivilisten Befehle hinsichtlich ihrer Gewandung erteilen und Gehorsam durchsetzen konnten. Die osmanischen Höflinge legten sich Frack und Hose zu. Vom Palast aus griff der neue Stil auf die gesamte Beamtenschaft über, und am Ende des 19. Jahrhunderts trugen Beamte überall in den osmanischen Ländern Jacken und Hosen verschiedenen Schnitts – Ausweis eines erheblichen Wandels der sozialen Werte. Über die Beamten, ein wichtiges Element der Gesellschaft, breitete sich der neue Bekleidungsstil allmählich auf die übrige Bevölkerung aus und erreichte, zumindest in den Städten, auch das einfache Volk. Der Iran schloß sich etwas später an, aber sowohl in der osmanischen als auch in der iranischen Welt dauerte die Verwestlichung der Arbeiterklasse und der Landbewohner in Sachen Mode viel länger, und sie ist keineswegs abgeschlossen. Nach der islamischen Revolution von 1979 trugen sogar die Vertreter der Republik Iran weiterhin westliche Jacketts und Hosen; nur die fehlende Krawatte deutete auf ihre Weigerung hin, sich westlichen Konventionen und Zwängen unterzuordnen.

Größerer Widerstand erhob sich dagegen, die Kleidung der weiblichen Bevölkerungshälfte zu verwestlichen oder zu modernisieren. Dazu kam es erst viel später, und die Verwestlichung ist bis heute weit weniger fortgeschritten als bei den Männern. Die muslimischen Vorschriften über weibliche Sittsamkeit machen daraus immer wieder einen Stein des Anstoßes. Nicht einmal Atatürk, der den Fez und andere Formen nichtwestlicher Kopfbedeckungen verbot, hatte versucht, den Schleier abzuschaffen. Hier und dort gab es dazu in der türkischen Republik zwar kommunale Verfügungen, doch wurde die Abschaffung des Schleiers durch gesellschaftlichen Druck und eine Art Osmose erreicht – ohne den gesetzlichen Apparat, der die traditionelle Kopfbedeckung der Männer untersagte. In dieser und in anderer Hinsicht reflektiert der Wandel der Kleidung die unterschiedlichen weiblichen Realitäten. Im Kaffee- oder Teehaus wird man kaum Frauen finden; sollte eine erscheinen, so dürfte sie der Tradition gemäß völlig verhüllt sein. In einigen Ländern sieht man jedoch modische, das heißt westlich gekleidete elegante Damen in den gehobeneren Hotels und Cafés, die von den vermögenderen Schichten besucht werden.

Der Wandel in der Kleidung symbolisiert zudem einen größeren Umbruch sogar in den radikalen, antiwestlichen Staaten. Wie der einzelne dennoch eine zumindest teilweise westliche Kleidung trägt, so folgt auch der Staat dem westlichen Vorbild in Form einer schriftlichen Verfassung, einer gesetzgebenden Versammlung und eines formellen Wahlverfahrens. All diese Dinge wurden in der Islamischen Republik Iran beibehalten, obwohl es für sie natürlich weder in der altiranischen noch in der geheiligten islamischen Vergangenheit einen Präzedenzfall gibt.

Unser Kaffeehausbesucher sitzt auf einem Stuhl an einem Tisch, und diese beiden Möbelstücke sind ebenfalls Neuerungen, die auf den westlichen Einfluß zurückgehen. In der Antike und auch noch in römischer Zeit kannte man im Nahen Osten Tische und Stühle, doch sie verschwanden nach der arabischen Eroberung. Die Araber kamen aus einem Land, in dem kaum Bäume wachsen und in dem Holz selten und kostbar ist. Über Wolle und Leder verfügten sie im Überfluß; und diese Materialien benutzten sie zur Ausstattung ihrer Heime und öffentlichen Stätten und um daraus Kleidung herzustellen. Man lag oder saß auf Polstern oder Kniekissen verschiedenster Art, auf Diwanen und Ottomanen – beide Bezeichnungen sind nahöstlicher Herkunft –, die mit Teppichen oder Gobelins bedeckt waren, und man servierte Speise und Trank auf elegant verzierten Metalltabletts. Miniaturen des frühen 18. Jahrhunderts zeigen europäische Besucher bei Feierlichkeiten am osmanischen Hof. Durch ihre taillierten Jacken, ihre Hosen und Hüte heben sie sich ebenso deutlich von den übrigen ab wie durch die Tatsache, daß nur sie auf Stühlen sitzen. Die Osmanen waren zuvorkommende Gastgeber, die den Europäern Stühle anboten. Sie selbst verzichteten auf ihre Benutzung.

Der Mann im Café raucht wahrscheinlich eine aus dem Westen, genauer gesagt aus Amerika, importierte Zigarette. Soweit wir wissen, führten englische Kaufleute zu Beginn des 17. Jahrhunderts den Tabak in den Nahen Osten ein, und er wurde rasch sehr populär. Kaffee war ein wenig früher, im 16. Jahrhundert, importiert worden. Er stammte aus Äthiopien und gelangte zuerst nach Südarabien und von dort nach Ägypten, Syrien und in die Türkei. Laut türkischen Chroniken wurde er während der Herrschaft von Sultan Süleyman dem Prächtigen (1520–1566) von zwei Syrern nach Istanbul gebracht. Der eine kam aus Aleppo, der andere aus Damaskus, und sie eröffneten die ersten Kaffeehäuser in der türkischen Hauptstadt. Das neue Getränk erfreute sich enormer Nachfrage, und es heißt, der Cafébesitzer aus Aleppo sei nach nur drei Jahren mit einem Vermögen von 5000 Goldstücken in seine Heimatstadt zurückgekehrt. Die Entwicklung einer Cafégesellschaft löste einige Unruhe bei der politischen Amtsgewalt und bei den religiösen Behörden aus: Erstere fürchtete umstürzlerische Komplotte, während letztere sich über die Rechtmäßigkeit solcher Genußmittel nach dem islamischen Gesetz Sorgen machten. Im Jahr 1633 verbot Sultan Murat IV. Kaffee und Tabak und befahl die Hinrichtung einer Reihe von Rauchern und Kaffeetrinkern. Nach langen Auseinandersetzungen erklärte der Großmufti Mehmet Bahai Efendi in einer *fatwa* Tabak schließlich für rechtmäßig; er war als starker Raucher 1634 entlassen und ins Exil geschickt worden. Sein Zeitgenosse, der bekannte osmanische Autor Kâtib Çelebi, schreibt, Mehmets Entscheidung zugunsten der Gesetzmäßigkeit von Tabak sei nicht von dessen eigener Abhängigkeit beeinflußt worden. Vielmehr habe er sich an das Rechtsprinzip gehalten, daß alles gestattet sei, was nicht verboten ist, und Rücksicht auf das genommen, »was am besten für die Lebensbedingungen des Volkes geeignet war«.

W. Bruce Lincoln
Die große Umsiedlung

Am 22. Juni 1941 überrollten 175 Divisionen der deutschen Wehrmacht die Westgrenze der Sowjetunion. In den ersten Wochen legten Hitlers Armeen Hunderte von Kilometern zurück; ihre Panzer, Kanonen und Flugzeuge zerschmetterten die schlecht ausgerüsteten russischen Streitkräfte. Sowjetische Heere kapitulierten bei Bialystok, Minsk und Kiew. Im Spätherbst hatten die Deutschen die große Kornkammer der Ukraine besetzt und rückten zu den Ölfeldern des Kaukasus vor. Hitlers Generale hofften, den Ring um Moskau vor Jahresende zu schließen, und bezogen an drei Seiten der sowjetischen Hauptstadt Position. Bei Leningrad hatte die Belagerung – die Geschichtsschreibung würde später von den heldenhaften »Neunhundert Tagen« der Stadt sprechen – bereits begonnen. Dann verstärkte sich der Widerstand der Russen, und es kam zu einem zermürbenden Herbst- und Winterkrieg, auf den die Deutschen nicht vorbereitet waren. Weder Moskau noch Leningrad, noch Stalingrad an der Wolga würden fallen.

Die Fabriken des Ural und Westsibiriens – außerhalb der Reichweite der besten deutschen Bomber – begannen, die Panzer, Flugzeuge und Geschütze herzustellen, die zum Kampf gegen die bislang unbesiegte Wehrmacht benötigt wurden. Aber die Gruben und Metallhütten des Kusbass besaßen – sogar im Verein mit den riesigen Anlagen von Magnitogorsk – nicht die Kapazität, um sämtliche Waffen zu ersetzen, welche die Rote Armee im Jahr 1941 einbüßte. Die sowjetischen Planer wußten, daß die Zahl ihrer Betriebe nicht ausreichte, um das Blatt zu wenden.

Deshalb ersetzten Stalin und seine Berater ihren Dritten Fünfjahresplan durch einen Kriegswirtschaftsplan, der vorsah, die wichtigsten Fabriken nach Osten zu verlegen. Diese »große Umsiedlung der Produktivkräfte der UdSSR« (so Nikolai Wosnessenski, der Chef der Staatlichen Planungskommission) trug dazu bei, die sowjetischen Verluste im Westen auszugleichen und dem Krieg eine Wendung zu geben. Zwischen Juni und Dezember 1941 entfernten sowjetische Arbeiter die Maschinen aus Hunderten von Fabriken, die auf dem Weg der Deutschen lagen, und transportierten sie in den Ural und nach Westsibirien. »Millionen von Menschen, Hunderte von Fabriken, Zehntausende von Werkzeugmaschinen, Walzwerken, Druckerpressen, Turbinen und Motoren waren in Bewegung«, schrieb Wosnessenski über jene Tage, als fast anderthalb Millionen Güterwagen den Ural überquerten. In Sibirien wurde die Bühne für eine Produktionsschlacht bereitet, in der die Bergwerke und Fabriken von Magnitogorsk, dem Kusbass und dem Ural jenen des Ruhrgebiets gegenüberstehen würden.

Die Industriefestung mit den Stützpfeilern Kusbass und Magnitogorsk, die Metallhütten und Gießereien weiter nördlich im Ural und die Schwerindustrieanlagen Kasachstans im Süden nahmen nun die Turbinen, Werkzeugmaschinen, Walzwerke und Facharbeiter auf, die in der Vorkriegszeit im europäischen Rußland Stahl, Waffen und Maschinen hergestellt hatten. Das Kusbass – ebenso wie Omsk und Tjumen – zog zahlreiche Elektromechanikbetriebe aus der Ukraine und Südrußland an. Zu Beginn des Jahres 1942 war das große Traktorenwerk von Charkow in der Ukraine in der Altai-Stadt Rostow wiedererrichtet worden, wo es schwere Geschütze produzierte; die Landwirtschaftsmaschinenfabrik von Rostow wurde in der usbekischen Hauptstadt Taschkent wiederaufgebaut und begann, Textilmaschinen und Fräsen herzustellen. Die riesige Nichteisenmetallhütte von Iwanowo, deren Erzeugnisse für die moderne Waffenproduktion unentbehrlich waren, wurde an die Ufer des Balchasch-Sees in Kasachstan umgesiedelt, und aus Moskau und Leningrad evakuierte Werke erstanden überall in Zentralasien neu.

Man mußte Baumaterialien heranschaffen, Gebäude für Maschinen und Arbeiter errichten und neue Transportsysteme für die Lieferung von Rohstoffen herstellen. Maschinen aus Seifenfabriken in Moskau und Charkow wurden in eine Seifenfabrik in der tadschikischen Stadt Stalinabad (heute Duschanbe) verlegt, und Webstühle aus Moskau sorgten dafür, daß das Seidenkombinat von Leninabad (Chudschand) den Stoff lieferte, den man für die Fallschirme der Luftlandedivisionen der Roten Armee benötigte. Die Geschwindigkeit, mit der die Arbeiter ihre Fabriken wieder in Betrieb setzten, erstaunte sogar die größten Skeptiker.

Manchmal begannen Arbeiter in umgesiedelten Fabriken nach nur zwei Monaten, wieder Kriegsmaterial bereitzustellen.

Die verblüffenden Erfolge der Sowjetunion bei der Rettung von Arbeitern und Maschinen vor dem deutschen Vormarsch genügten aber noch nicht, um die für den Krieg erforderliche Industriekapazität zu schaffen. Während evakuierte und vergrößerte Fabriken jenseits des Ural in aller Eile neue Waffen für die gebeutelten Divisionen an der sowjetischen Westfront produzierten, entstand eine Vielzahl neuer Anlagen. Eine neue Metallhütte und ein Thermokraftwerk in Tscheljabinsk sowie zwei riesige neue Hochöfen in Magnitogorsk erhöhten den sibirischen Beitrag zu den Kriegsbemühungen. Eine ganze Reihe neuer Wasserkraftwerke lieferte zusätzliche Elektrizität für Kasachstan und Usbekistan, wo die Stromleistung in den Vorkriegsjahren den Bedarf nicht hatte dekken können. Ende 1942 war die Stromleistung in der Ural-Region auf das Vierfache der Menge von 1940 gestiegen. Die Kosten spielten keine Rolle. Ein sowjetischer Kommentator schrieb: »Eine so gigantische Verlegung der Produktivkräfte unserer Nation unter derart schwierigen Kriegsbedingungen konnte nur unter dem sozialistischen Wirtschaftssystem zustande gebracht werden.«

Nachdem die Fabriken und Kraftwerke gebaut waren, hatten Rohstoffe und Arbeiter die entscheidende Bedeutung für die sowjetische Kriegsproduktion in Sibirien. Der Präsident der Sowjetischen Akademie der Wissenschaften, Wladimir Komarow, erklärte: »Die Vernichtung des Faschismus ist die edelste und größte Aufgabe, der die Wissenschaft je gegenübergestanden hat, [und] das ganze Wissen, die Kraft und sogar das Leben der sowjetischen Gelehrten müssen in den Dienst dieser Aufgabe gestellt werden.« Komarow – ein Botaniker, der sich auf die Flora der Mandschurei und Ostsibiriens spezialisiert hatte – übernahm die Leitung einer Sonderkommission zur Mobilisierung der Ressourcen des Ural, Westsibiriens und Kasachstans. Er hielt sämtliche Naturwissenschaftler der Sowjetunion dazu an, Rohstoffquellen zu erschließen. Sowjetische Wissenschaftler vervollkommneten neue Techniken zur Produktion von Kupfer, Blei und Nickel, während eine Armee von Geologen im Ural nach neuen Eisenvorkommen suchte und wertvolle neue Manganreserven in Kasachstan und Westsibirien entdeckte.

Die Entfernungen, welche die Gebiete jenseits des Ural vor einem deutschen Angriff schützten, so daß die Sowjetunion ihr sibirisches Arsenal verstärken konnte, machten es andererseits schwierig, Rohstoffe und Fertigprodukte zu transportieren und mehr Arbeiter anzuwerben. Die Zahl der aus dem Kriegsgebiet in die Regionen von Omsk und Nowosibirsk evakuierten Arbeiter war zu gering; es fehlten mehr als eine Viertelmillion Arbeitskräfte, und man mußte Jugendliche und Frauen einsetzen, um den Bedarf zu decken. Ende 1943 bestand über die Hälfte der Beschäftigten in den Fabriken von Omsk, Nowosibirsk, Tomsk und Irkutsk aus Jugendlichen, die tagsüber die Schule besuchten und abends arbeiteten. Ende 1942 waren fünfzig Prozent mehr Frauen als ein Jahr zuvor in den Metallhütten und Werkzeugmaschinenfabriken des Kusbass zu finden, und sie machten nicht weniger als ein Drittel der Beschäftigten in den Kohlenbergwerken Sibiriens aus. Mitte 1942 arbeiteten mehr Frauen als Männer in den Zechen von Transbaikalien. Das gleiche galt für die burjatische und die jakutische »Autonome Republik«, wo die Tradition Frauen in der Vorkriegszeit von Bergwerken und Schwerindustrien ferngehalten hatte. In der Sowjetunion hatten Frauen stets einen größeren Teil des nationalen Arbeitspensums übernehmen müssen als im Westen, doch in den Kriegsjahren in Sibirien lastete mehr körperliche Arbeit auf ihnen als zu jedem anderen Zeitpunkt seit der Entstehung des Sowjetstaates.

Die Ernährung Hunderttausender von Evakuierten und neuen Arbeitern, die in die Ortschaften und Städte der wachsenden sibirischen Industriefestung strömten, war nicht weniger mühsam als die Beschaffung von Arbeitskräften und Rohstoffen. Da die Wehrmacht die Gebiete besetzt hielt, die im Jahr vor dem Krieg fast vierzig Prozent des sowjetischen Getreides, vierzig Prozent der Rinder und rund fünfundsechzig Prozent der Schweine geliefert hatten, mußten Wosnessenskis und Komarows Planer im südwestlichen Sibirien nach neuen Nahrungsquellen Ausschau halten. Allerdings waren Millionen von gesunden Männern zu den Streitkräften einberufen worden, so daß sich die Zahl der Kolchosarbeiter in Sibirien um die Hälfte verringert hatte. Damit wurde die Bürde für die übrigen sibirischen Bauern schwerer als in jedem anderen Teil der Sowjetunion. Da man über weniger

Zugtiere und Maschinen verfügte und da mehr Arbeiten von Frauen und Kindern erledigt wurden, dauerte es 1942 manchmal dreimal so lange wie 1940, Getreide anzubauen und zu ernten.

Während ihre Frauen und Kinder in der Heimat arbeiteten, eilten ungezählte sibirische Männer zu den Waffen. Mit Hilfe Sibiriens wendete sich das Blatt Ende 1941 bei Moskau, denn General Georgi Schukow setzte die frischen sibirischen Divisionen, die Stalin aus dem Fernen Osten zurückgezogen hatte, für die erste Gegenoffensive der Roten Armee ein. Fünf der achtundzwanzig Männer, die bei der Verteidigung von Moskau den Orden eines Helden der Sowjetunion errangen, stammten aus Sibirien, und General Konstantin Kossowski sprach stolz von dem »stählernen Zugriff« der 78. Schützendivision Sibiriens, die in jenem Winter seiner Sechzehnten Armee zugeteilt war. »Der Sibirier ... ist zäher und stärker und besitzt eine erheblich größere Widerstandsfähigkeit als seine europäischen Landsleute«, meldete der Generalstabschef der deutschen Vierten Armee bekümmert während des Rückzugs seiner Soldaten, die vor Moskau gestanden waren. »Unsere Männer sind in Panik geraten«, gestand ein anderer General.

Das ganze Jahr 1942 hindurch ignorierten die Japaner alle Bitten der Deutschen, eine zweite Front gegen die Sowjetunion zu eröffnen. Diese Tatsache sowie die Informationen von Richard Sorge, der bis zu seiner Verhaftung Ende 1941 als Berliner Chefkorrespondent in Tokio ein Spionagenetz für die Russen organisierte, gestatteten Stalin und seinen Befehlshabern, vierhunderttausend Mann, fünftausend Kanonen, mehr als zweitausend Panzer – insgesamt drei Feldarmeen, neununddreißig Divisionen und weitere drei Dutzend Reservegruppen – aus Transbaikalien und dem fernen Osten Sibiriens an die sowjetische Westfront zu verlegen. In Jakutsk und Krasnojarsk landeten im Rahmen des Leih-Pacht-Gesetzes jeden Tag zehn amerikanische Flugzeuge, die aus Alaska kamen. Russische Piloten übernahmen die Maschinen zur Bekämpfung der Deutschen im Westen.

Sibirische Grenzbewohner kämpften bei Stalingrad Mann gegen Mann mit den Deutschen und gaben keinen Pardon. Sibirische Scharfschützen, die als Kinder das Jagdhandwerk erlernt hatten, töteten Deutsche in den Straßen von Stalingrad, und Männer, die in ihrer Jugend als rote Partisanen gegen Koltschaks weiße Heere gekämpft hatten, kehrten nun zurück, um Partisaneneinheiten in Belorußland und in der Ukraine, die von den Deutschen besetzt waren, auszubilden und anzuführen. Um die Jahreswende 1943/44 halfen Sibirier, die an den Ufern des fernen Amur und des Ussuri aufgewachsen waren, die Wehrmacht vom stillen Don Südrußlands zu vertreiben. Männer von der Lena und vom Jenissei fochten an der Weichsel in Polen, an der Donau in Ungarn und schließlich an der Oder in Deutschland. Burjaten, Jakuten und Männer von einem Dutzend anderer sibirischer Stämme schlossen sich ihren früheren Feinden in einem Krieg an, den die Menschen der ehemaligen Sowjetunion immer noch als die tragischste und heroischste Zeit ihrer Geschichte bezeichnen. Gemeinsam legten sie ein Viertel des Erdumfangs von ihren Dörfern bis nach Berlin zurück. »Wir Sibirier sind in Berlin«, schrieben einige Angehörige der Omsker Garde an die Mauer des eroberten Reichstages. »Wir sind nach Berlin gekommen, um es zu befreien.«

Am 9. Mai 1945 feierten jubelnde Menschenmengen in Zehntausenden von sowjetischen Ortschaften und Städten den Sieg über das nationalsozialistische Deutschland, der ihrem Land mehr Opfer als jeder anderen kriegführenden Nation abverlangt hatte. Die größten Städte der Sowjetunion lagen teilweise in Schutt und Asche, fast fünf Millionen Bauernhäuser und Stadtwohnungen waren zertrümmert worden. Den vorsichtigsten Schätzungen zufolge beliefen sich die materiellen Kriegsverluste auf sowjetischem Territorium auf 357 Milliarden Dollar.

Die sowjetische Regierung hoffte, daß ihre gigantischen Investitionen in Sibirien dazu beitragen würden, die für den Aufbau benötigten Maschinen und Materialien zu produzieren. Die riesigen Fabriken des Kusbass und Magnitogorsks besaßen die Kapazitäten, um Berge von Baustahl für die zertrümmerten Städte zu liefern, und in den sibirischen Wäldern gab es genug Holz, um neue Kolchosen zu errichten, wo die Nazis verbrannte Erde hinterlassen hatten. Die Kohle, das Eisen, das Öl und Erdgas Sibiriens würden letztlich mehr Reichtum hervorbringen als die Goldfelder an der Lena und der Kolyma, aber man würde Zeit, Geld und einen gewaltigen Arbeitsaufwand benötigen, um diese Schätze zu erschließen.

Sibirien würde also eine entscheidende Rolle beim Wiederaufbau der vom Krieg zerstörten europäischen Sowjetgebiete spielen, doch die uralten Probleme blieben bestehen. Infolge des Klimas, der Entfernungen und der Notwendigkeit, Waffen so rasch wie möglich aus den Fabriken an die Front zu befördern, hatte man die große industrielle Umsiedlung auf den Westen Sibiriens konzentriert, während die übrigen zwei Drittel fast unverändert geblieben waren. Da man im Krieg Männer und Frauen aus den Landgebieten abgezogen hatte, produzierte Sibirien nun weniger Nahrungsmittel als zuvor. Jenseits des Jenissej gab es weiterhin zu wenig Eisenbahnen und zu wenig Siedler; außerdem waren die Bergwerke und Fabriken immer noch zu sehr auf die Zwangsarbeit des Gulag-Systems angewiesen. Doch in Stalins letzten Jahren änderte sich nichts. Neue Wellen von Häftlingen strömten in den Gulag. Die Herrscher in Moskau, selbst die Produkte eines längst überholten Denkens, schlugen weiterhin uralte Lösungen für uralte Probleme vor, und die Menschen Ostsibiriens mußten sich weiterhin mit Rückständigkeit und Unterentwicklung abfinden.

Bassam Tibi

Integration oder Multikulturalismus?

Unbestreitbar ist, daß die Migration, vor allem aus der Welt des Islam, Europa verändern wird. Im späten 20. Jahrhundert wird die europäische Expansion und Eroberung der Welt in ihr Gegenteil verkehrt: Wir leben in einer Epoche der globalen Migration aus Asien und Afrika nach dem Westen. Im multikulturellen Amerika muß sich Samuel Huntington arge Beschimpfungen gefallen lassen, weil er die europäische Kultur als dominierenden Bestandteil der »Identität Amerikas« bezeichnet. Zu dieser Kultur gehört die säkulare Demokratie, die Max Weber legale Herrschaft nennt.

Huntington fragt: »Sollte Amerika eine wahrhaft multikulturelle Gesellschaft – durchdrungen im Innern vom Zusammenprall der Zivilisationen – sein, kann Amerika dann als eine liberale Demokratie überleben?«

Dieselbe Frage muß nun auch für Europa gestellt werden, für einen Kontinent, der – im Gegensatz zu Amerika – bisher nie als Einwanderungskontinent galt, aber heute im Rahmen der Globalisierung faktisch bereits ein solcher geworden ist. Eine wichtige Quelle der Zuwanderung bildet der südliche und östliche Mittelmeerraum, der der islamischen Zivilisation angehört. In Westeuropa leben zur Zeit mehr als 15 Millionen Muslime, deren Zahl im Jahr 2025 mehr als 40 Millionen betragen wird. Gilt für diese Muslime nach multikulturellem Verständnis die in diesem Buch beschriebene Imam-Tradition der islamischen Zivilisation, oder behält Europa seine Identität und fordert von den Migranten deren Annahme durch Anpassung und Anerkennung der in den europäischen Verfassungen enthaltenen Normen und Werte? Gehorchen die islamischen Migranten ihren Imamen – wie Führer des Ghetto-Islam fordern –, oder fügen sie sich in die europäische Demokratie ein? Oder tritt die von Huntington für Amerika befürchtete Gefahr auch in Europa ein?

Frankreich, das Land der Aufklärung und der Französischen Revolution, ist beinahe das einzige europäische Land, das die Identität Europas engagiert vertritt. Mit der Ablösung Deutschlands vom Vorsitz im Rat der Europäischen Union durch Frankreich am 1. Januar 1995 haben der damalige französische Außenminister Alain Juppé (nach der Wahl Chiracs zum Premier avanciert) und der deutsche Außenminister Klaus Kinkel das Bekenntnis ihrer Länder zu fünf Prinzipien in einer gemeinsamen Erklärung unterstrichen. Zu diesen fünf Schwerpunkten gehört die kulturelle Identität Europas:

»Bei aller Weltoffenheit will Europa als Zentrum kultureller Kreativität nicht untergehen. Auch in diesem Bereich muß es dafür sorgen, daß es lebens- und handlungsfähig bleibt.«

Jenseits der Zweideutigkeit der Diplomatie heißt dies, daß Europa zwar für die Migration offen ist, nicht aber für die Aufgabe seiner kulturellen Identität zugunsten der vorwiegend vormodernen Migrantenkulturen!

Zur Identität Europas gehört, daß der Herrscher ein demokratisch und auf Zeit gewählter Politiker, d. h. ein Amtsinhaber ist, der auf eine säkulare Verfassung verpflichtet ist. Können jene Muslime, die als Migranten nach Europa kommen, diese europäische Identität auch für sich akzeptieren und somit ihre Imam-Tradition aufgeben, oder werden sie einen Imam für ihre Gemeinde in Europa beanspruchen? Integrieren sich die muslimischen Migranten im Rahmen eines Europa-Islam, oder sondern sie sich in einem Ghetto-Islam ab? Diese Fragen korrespondieren mit der Perspektive, ob Europa den *Kommunitarismus* der Migranten hinnimmt oder eine Zivilgesellschaft der individuellen *Citoyens* bleibt!

Der größere Rahmen zur Beantwortung dieser Fragen ist der moderne Nationalstaat im europäischen, d. h. französischen und angelsächsischen, *nicht* im deutschen Sinne, also als ein demokratisches Gemeinwesen, nicht als ethnisch-exklusive Gemeinschaft. In der okzidental-europäischen Tradition der kulturellen Moderne beruht der Nationalstaat auf einer konsensuellen, also nicht-ethnischen Gemeinschaft von Bürgern im Sinne von *Citoyen/Citizen*. Deutschland behält dagegen auch nach seiner Verwestlichung nach 1945 die im Staatsangehörigkeitsgesetz von

1913 verankerte ethnische Bestimmung des Staatsbürgers und damit eine ethnische Definition der deutschen Nation bei. Die kulturelle Innovation des Verfassungspatriotismus, nach der ein eingewanderter Muslim problemlos auch ein deutscher Bürger im Sinne von Verfassungspatriot werden könnte, ist bis zum heutigen Tag bedauerlicherweise nur ein politisches Postulat.

Aber zurück zu meiner Ausgangsfrage, ob in Europa säkulare Demokratie und Menschenrechte auch für die muslimischen Migranten gelten müssen. Eine bejahende Antwort bedeutet, daß die Migranten ihre islamische Imam-Tradition entpolitisieren müßten, selbst wenn die Welt des Islam auch im Übergang zum 21. Jahrhundert ihre Suche nach dem wahren Imam fortsetzen sollte. Deutsche Muslime müßten mit ihrer Integration ohne multikulturelle Zweideutigkeiten europäische Bürger werden, könnten also *nicht* als Angehörige eines kommunitären islamischen Ghettos an der Peripherie bleiben. Sie wären vielmehr *Citoyens/Citizens* Europas. Besteht Hoffnung auf eine solche Entwicklung – und werden Europäer sie von Muslimen fordern –, oder werden wir den von Huntington beschworenen Zusammenprall der Zivilisationen, d. h. den Zusammenprall zwischen der Imam-Tradition und der säkularen Demokratie, nicht nur global, sondern auch mitten in Europa erleben?

Ein Konflikt zwischen einer zu einem religiösen Fundamentalismus führenden Politisierung des Islam und einer säkularen Bestimmung der Herrschaft läßt sich in den letzten Dekaden des 20. Jahrhunderts in fast allen islamischen Ländern beobachten; solche Zerreißproben werden im Rahmen der islamischen Migration auch auf Europa zukommen. Im Zeitalter der selbstzerstörerischen Moden wie der der *political correctness* gilt es als inkorrekt zu sagen, daß die Migranten die Probleme ihrer Ursprungsländer – z. B. den Konflikt zwischen säkularer und Gottesordnung – in das Gastland mitbringen. Aus Besorgnis um die Demokratie muß hier aber in aller Offenheit, also ohne Tabus von dem Konflikt gesprochen werden.

Der Konflikt ist Ausdruck des Dilemmas, vor dem der Islam und die Muslime in der modernen Welt stehen, d. h. auch wenn sie als Migranten nach Europa kommen. Infolge des auch in Deutschland um sich greifenden Verständnisses von *political correctness* und der damit verbundenen Tabus scheint man über die angeführten Probleme in der Türkei freier sprechen zu können als hierzulande – das habe ich während meiner Gastprofessur in Ankara (Bilkent University) im Frühjahr 1995 wiederholt festgestellt. Der deutsche Türke Faruk Şen hat bei einem vom deutschen Kultur-Institut in Ankara bereits zuvor – d. h. im Dezember 1994 – organisierten und von der damaligen Premierministerin Tansu Çiller in einem Grußtelegramm offiziell gutgeheißenen Symposium über »Fundamentalismus und Pluralismus« auch die Frage angesprochen, die der türkisch-zypriotische Politikwissenschaftler Özay Mehmet in einem bemerkenswerten Buch einleitend so formuliert: »Bin ich zuerst Muslim oder Bürger des Staates, in dem ich lebe?« In seinem Referat führte Faruk Şen aus, daß das islamische Erwachen auch die türkische Gemeinde in Deutschland betrifft; die zweite Generation der in Deutschland geborenen Türken entwickelt nicht mehr ein türkisches, sondern ein islamisches Bewußtsein. Junge, in Deutschland lebende Türken wollen nicht nur ihre türkische Nationalsprache, sondern auch Arabisch, die Sprache des Islam, lernen, wie Faruk Şen beobachtet, der in diesem Zusammenhang eine Integrationspolitik fordert. Diese kann es den muslimischen Türken ermöglichen, eine Kombination von einem demokratisch interpretierten »offenen Islam« und einer Identität als deutscher Bürger anzustreben. Gelingt dies nicht, dann wäre der Weg frei für den Islamismus, den Faruk Şen so beschreibt:

»Islamismus ist eine Form politischen Extremismus', sie muß hier in der Bundesrepublik intensiv beobachtet werden. Religiöse Organisationen, die sich in Deutschland gründen, müßten ihre Verfassungstreue nicht nur in Worten gegenüber den zuständigen Stellen, sondern auch in ihren Taten zum Ausdruck bringen.«

Oft fallen manche naiv denkende deutsche protestantische Theologen, aber auch säkulare Gesinnungsethiker auf die Worte islamischer Fundamentalisten in Deutschland herein; sie erkennen somit den von Faruk Şen hervorgehobenen Unterschied zwischen »Worten« und »Taten« nicht. Ein wacher deutscher Journalist, Reymer Klüver, hat eine Recherche in der »Süddeutschen Zeitung« über »radikale Türken« in der Bundesrepublik veröffentlicht, in der er Interviews mit Fundamentalisten zitiert, in denen sie sich betont demokratisch geben. Klüver beschreibt in seinem Bericht, wie diese auf Frieden und Dialog zugeschnittenen Sprüche »als Antworten routiniert schnurren«. Ein Vergleich dieser Zusicherungen mit Zeitungen des Diaspora-Islam desselben Kreises führt, wie Klüver schreibt, zu anderen Ergebnissen. »Das liest sich in der türkischsprachigen Zeitung … anders«. Solche Täuschungen werden bewußt betrieben; ein algerischer Fundamentalist nennt dies eine »göttliche Täuschung von Ungläubigen«.

Auf die zentrale Frage mich konzentrierend, möchte ich mich hier nicht näher auf diese Details einlassen, sondern problemorientiert die Diskussion des bereits zitierten liberalen Muslims Özay Mehmet und seines Buches fortsetzen.

Dieser aufgeklärte Muslim denkt offen über das islamische Dilemma der Zugehörigkeit, das auch europäische Länder angeht, nach. In seinem zitierten Buch faßt Mehmet die Frage so zusammen: »Wie läßt sich der Universalismus des Islam mit der Moderne versöhnen, die sich in der nationalstaatlichen Realität verkörpert?«

Frances Wood
Eiscreme und Spaghetti

Da Marco Polo den Tee an keiner Stelle erwähnt, konnte er natürlich das Venedig des 13. Jahrhunderts auch nicht auf dessen Geschmack bringen (und es sollte noch weitere 400 Jahre dauern, bis Europa geradezu süchtig nach Tee wurde). Doch besagt eine der am weitesten verbreiteten Legenden über Marco Polo, daß er Spaghetti, Ravioli und Eiscreme aus China in Europa eingeführt haben soll. Die Frage aber, ob er die kulinarischen Künste Italiens (oder Chinas – je nachdem, ob aus italienischer oder chinesischer Sicht) beeinflußte, läßt sich nicht einfach dadurch klären, daß man sein Buch sorgfältig studiert.

Marco Polo beschreibt die Märkte von Hangzhou und zählt dabei Pfeffer, Birnen, Hundefleisch und alle Arten von Fisch auf, aber leider versäumt er es, mit ebensolcher Akkuratesse die Nahrungsmittel zu erwähnen, die er selbst aß. Zwar schreibt er über die Verwendung von Nudeln, den Verzehr von Reis und allen möglichen Sorten Fleisch (darunter auch Menschenfleisch in Fujian), doch nirgendwo ist zu lesen, wie die Gerichte zubereitet und serviert wurden (auch über Gemüse läßt er sich kaum aus). Darin fand er Nachahmer, denn die ersten Briten, die China bereisten, zollten diesen Dingen ebensowenig Beachtung oder befaßten sich zumindest nicht sonderlich eingehend mit ihnen. Aeneas Anderson, Diener von Lord Macartney, dem ersten britischen Botschafter in China, vermerkte lakonisch, daß »ihre Methode, Fleisch zuzubereiten, darin besteht, es in sehr kleine Stücke zu schneiden und zusammen mit Wurzeln und Kräutern in Öl zu braten. Sie haben reichlich Soja und Essig, die sie als Sauce beigeben.« Reis empfand er als »ganz ausgezeichneten Ersatz für Brot«. An anderer Stelle bezeichnete Anderson die Speisen als »Mischmasch«. Selbst solche knappen Hinweise fehlen in Marco Polos Bericht völlig. Die bloße Tatsache, daß in so früher Zeit ein Italiener China besuchte, hat ausgiebige Spekulationen darüber ausgelöst, wer nun schließlich wen beeinflußte. Die Historiker des 19. Jahrhunderts, von denen viele der Diffusionstheorie anhingen, suchten nach dem notwendigen Bindeglied und stießen dabei auf Marco Polo.

Die Frage der Beeinflussung wird noch durch den Umstand kompliziert, daß rätselhafterweise Italien und China, die beide sehr stolz auf ihr kulinarisches Erbe sind, erstaunlich ähnliche Nahrungsmittel verwenden. Die in allen denkbaren Variationen erhältliche italienische Pasta hat ihr Gegenstück in den chinesischen Nudeln, die ebenfalls in einer Vielzahl von Formen erscheinen, allerdings zumeist eher lang und dünn und nur selten in Schmetterlings- oder Muschelform. So tobt ein Streit darüber, ob Marco Polo die Spaghetti und Ravioli nach China einführte, wo sie zu *jiaozi* und Nudeln umgewandelt wurden, dem Haupterzeugnis des Nordens, oder ob er vielmehr die Nudeln und *jiaozi* nach Italien brachte, wo sie zu Spaghetti und Ravioli wurden.

Die Diffusionstheorie des 19. Jahrhunderts besagt, daß jede kulturelle Leistung ihren Ursprung an einem einzigen Ort habe. Seit der Steinzeit seien die Urheber dieser Leistungen durch die Welt gereist und hätten andere Zivilisationen mit ihren Entdeckungen erstaunt. Im Wien der Vorkriegszeit lehrte man die Anthropologiestudenten: »Das Kochen mit Wasser wurde nur einmal erfunden« – als sei der Erfinder dieser Kunst stolz durch die Lande gereist, um allerorten seine Entdeckung bekanntzumachen und persönlich für ihre Weiterverbreitung von Kulturraum zu Kulturraum zu sorgen. Manchmal läßt sich der Verbreitungsweg einer Fertigkeit eindeutig nachweisen, wie zum Beispiel bei der Technik der Papierherstellung, die aus China über die arabische Welt nach Spanien und Italien gelangte, doch in anderen Fällen neigt der Diffusionismus dazu, die menschliche Erfindungsgabe zu unterschätzen.

Was die Ähnlichkeiten zwischen der italienischen Pasta und den chinesischen Nudeln betrifft, scheint dabei die arabische Welt eine Rolle zu spielen, die in der Mitte zwischen diesen beiden Ländern liegt und deren Händler einen Großteil des Warenverkehrs zwischen Italien und China kontrollierten. Claudia Roden, die sich in ihrem ersten Kochbuch mit Gerichten aus dem Mittleren Osten befaßte und später zwei Kochbuch-Preise für ihre Arbeiten über die italienische Küche gewann, meint: »In Persien liegt der Ursprung der Pasta.« Achäologen, die die Nahrungsmittelproduktion des frühen China erforschen, stimmen ihr zu. Demnach scheint für die Erfindung der chinesischen Nudeln wie auch der italienischen Pasta der arabische Einfluß bestimmend gewesen zu sein.

Weizen, ausgemahlen zu Mehl und ohne die Beigabe von Hefe oder einem anderen Treibmittel, führt gleichsam von selbst zur Herstellung von Pasta und Nudeln. Während der Besetzung Siziliens durch eine arabische Streitmacht im Jahre 827 gelangte Hartweizen nach Italien. Dieses leicht anzubauende, aber schwer zu mahlende Getreide bildet den Hauptbestandteil jeder Pasta. Die Pasta aus Hartweizen verbreitete sich schrittweise bis nach Norditalien. Während in der »Beschreibung der Welt« an vielen Stellen persisches Vokabular zu finden ist, hat sich bis heute ein arabisches Wort für eine bestimmte Sorte dünner Spaghetti in Sizilien gehalten: *itriya*. Merkwürdig, daß es trotz dieser erwiesenen Einführung und Ausbreitung nach Norden eine eigenständige Genueser (leider nicht venezianische) Tradition der Pastaherstellung gegeben zu haben scheint, die ebenfalls unter arabischem Einfluß stand. Kleine, der Lasagne ähnliche Rechtecke aus Pasta werden in Genua *manili di sea*, »Seidentüchlein« genannt, wobei *mandil* die arabische Bezeichnung für Taschentuch ist; in Genua bezeichnet man Linguini auch als *tria*, gleichfalls ein arabisches Wort.

Auch Nudeln und *jiaozi*, diese beiden sehr ähnlichen Nahrungsmittel, die man in Nordchina verzehrt, werden aus Hartweizenmehl hergestellt, und man vermutet, daß sie ebenfalls das Ergebnis arabischen Einflusses via Zentralasien sind. Der für chinesische Nudeln und *jiaozi* verwendete Hartweizen hat wahrscheinlich seinen Ursprung in Westasien.

Zu den schwieriger herzustellenden Speisen zählen die italienischen Ravioli, die den chinesischen *jiaozi* sehr ähnlich sind (gewöhnlich werden diese mit »Klöße« übersetzt, doch sie erinnern weitaus mehr an Ravioli als die nicht gefüllten europäischen Klöße aus Sauerteig). Der älteste erhaltene *jiaozi* oder »Kloß«, eine Grabbeigabe aus dem 8. Jahrhundert aus gewürztem Fleisch in einer Pastahülle, wurde bei einer Ausgrabung in der Wüste Gobi entdeckt, in einer Region Chinas also, in der zur damaligen Zeit die arabische Kultur vorherrschte; man kann diesen Fund im Turfan-Museum besichtigen. Anders als die Nudeln haben Ravioli und andere gefüllte Pastasorten ihren Ursprung nicht in Sizilien; sie sind nachweislich norditalienische Erfindungen, auch wenn sie erst durch die Einführung von Hartweizen durch die Araber entstanden. Falls wirklich die gefüllten Weizenteigtaschen, die man in Persien kennt, die Urform der *jiaozi* (und der russischen *pelmeni*) sind, dann könnte es sein, daß Persien in späterer Zeit auch Einfluß auf die Herstellung von Ravioli in Genua ausübte. Doch selbst wenn es tatsächlich einen solchen späteren Einfluß gegeben hat, war es wohl kaum Marco Polo, der etwas zur Verfeinerung der Genueser Küche beitrug, es sei denn, er hat in den Diktatpausen während der Niederschrift seines Berichts durch Rustichello der Dame des Hauses, in dem er gefangengehalten wurde, beigebracht, wie man *jiaozi* füllt.

1969 und 1970 erschienen zu diesem Thema zwei Artikel; der eine stammt von Yan-shuan Lao (Taiwan), der andere von Professor Herbert Franke (Wiesbaden). Beide untersuchen das Vokabular eines kaiserlich-mongolischen Ernährungskompendiums, das den Titel »Yinshan zhengyao« trägt; Yan-shuan Lao übersetzt es mit »Eigenschaften und Bestandteile von Getränken und Speisen«. Obwohl es nicht leicht war, aus der chinesischen Übersetzung die in der Ausgangssprache benutzten Begriffe zu erschließen, weil »ein mongolisches Wort ein in der Mongolei benutztes türkisches Lehnwort oder auch eine türkische Form sein kann, die aus dem Persischen oder Arabischen entlehnt wurde oder vielleicht über Persien aus dem Arabischen kam«, gelangte Herbert Franke zu dem Schluß, es sei »festzuhalten, daß die Wörter für Nudeln, Ravioli und ähnliche Speisen aus Weizen sämtlich türkischen Ursprungs sind. Dies führt zu der Feststellung, daß diese Speisen selbst ursprünglich nicht aus China stammen. … Dies würde bedeuten, daß selbst solche Speisen wie *jiaozi*, die zum festen Bestandteil der chinesischen Küche zählen, von den ›westlichen Barbaren‹ nach China gebracht wurden.«

Eiscreme ist ein weiteres umstrittenes Thema. Der Legende nach beobachtete Marco Polo in China, wie man Eiscreme herstellte, und brachte das Rezept nach Europa. Diese Legende scheint jedoch im 19. Jahrhundert entstanden zu sein, denn in der »Beschreibung der Welt« findet sich nicht der geringste Hinweis auf irgend etwas, was sich als Eiscreme deuten ließe. Als Robin

Weir an seinem grundlegenden Werk über Eiscreme arbeitete und mich in diesem Zusammenhang zum Thema Marco Polo konsultierte, verschaffte er mir damit eine der vielen Inspirationen, die mir halfen, das Werk über Polo fortzusetzen. Im Gespräch mit Robin und bei den Nachforschungen zur Eiscreme-Frage wurde klar, daß wahrscheinlich die Chinesen der Tang-Dynastie (618–907) herausfanden, wie man Milchprodukte gefriert. Ein Gedicht aus dem späten 12. Jahrhundert scheint ein Loblied auf Eiscreme zu sein, die »aussieht wie Fett, doch von fester Gestalt ist, wie Jade in der Schüssel liegt, doch in der Sonne schmilzt«. Nichtsdestotrotz handelt es sich bei der Herstellung von Eis und der Verringerung der Temperatur unter den Gefrierpunkt von Wasser um einen komplizierten Vorgang, der erst im 16. Jahrhundert von europäischen Gelehrten erfolgreich bewältigt wurde, also gehörige Zeit nach Marco Polos Tod. Gefrorenes Wasser und Eiscreme wurden in Europa erstmals im 17. Jahrhundert hergestellt.

Möglich ist, daß die Araber auch bei der Verbreitung der Kenntnisse, wie man Eis produziert, eine Rolle spielten, obgleich es noch weitere 300 Jahre dauerte, bis europäische Wissenschaftler das Geheimnis entschlüsselten, das bereits in einem aus dem 13. Jahrhundert stammenden arabischen Werk der Medizin nachzulesen ist.

Ebenso wie im Falle der Pasta ist die Erfindung der Eiscreme mehr als 300 Jahre nach Marco Polo zu datieren. Die Verbindung zwischen ihm und diesen Speisen wurde erst lange Zeit später hergestellt und hat mit Marco Polos Buch und dem wenigen, was man über sein Leben weiß, nichts zu tun. Marco Polo dient hier erneut nur als praktisches Verbindungsglied zwischen zwei überaus unterschiedlichen und weit entfernten Zivilisationen, deren gemeinsame kulinarischen Ursprünge eher in Persien zu suchen sind.

II. RÜCKBLICK – IRRTÜMER UND NEUANFÄNGE

Eugen Drewermann
Wer von euch ohne Sünde ist …

Jesus aber ging auf den Ölberg. Doch im Morgengrauen stellte sich Jesus abermals im Heiligtum ein. Und alles Volk lief zu ihm hin. Und er setzte sich und lehrte sie. Und die Schriftgelehrten und die Pharisäer führten eine beim Ehebruch ertappte Frau herbei und stellten sie in die Mitte. Und sie sagten zu ihm: Lehrer, diese Frau ist auf frischer Tat als Ehebrecherin ertappt worden. Im Gesetz nun hat Mose uns Weisung gegeben, solche zu steinigen. Und du – was sagst du? Das aber sagten sie, um ihn zu versuchen, auf daß sie gegen ihn zu klagen hätten. Jesus aber beugte sich nieder und schrieb mit dem Finger auf die Erde. Doch als sie dabei blieben zu fragen, beugte er sich hoch und sprach zu ihnen: Der von euch, der ohne Sünde ist, werfe als erster einen Stein auf sie. Und abermals beugte er sich nieder und schrieb auf die Erde. Als sie das jedoch gehört hatten, gingen sie hinaus, einer nach dem andern – von den Ältesten angefangen. Und er blieb – er allein und die Frau, die in der Mitte stand. Da beugte Jesus sich hoch und sprach zu ihr: Frau, wo sind sie? Hat keiner dich verurteilt? Sie aber sprach: Keiner, Herr! Da sprach Jesus: Auch ich verurteile dich nicht: Geh! Von jetzt an sündige nimmermehr. JOH 8,1–11

Es hat lange gedauert, ehe die frühe Kirche es gewagt hat, dieses Evangelium in die heilige Überlieferung mit aufzunehmen. In das Johannesevangelium, das späteste Evangelium, ist es hineingeraten wie ein Fremdkörper und als ein Zeichen des Widerspruchs. Kann man mit einer Ehebrecherin so lax und großzügig verfahren, wie Jesus es an diesem Morgen auf dem Tempelplatz tut? Schon hört man die Stimmen der Moralisten aller Zeiten: Die Ehe ist die Grundlage jeder menschlichen Gesellschaft. Wer an dieser Institution rüttelt, bringt die Fundamente des menschlichen Zusammenlebens ins Wanken. Jede Schuld in diesem Bereich gefährdet den Bestand der Menschheit, so daß, wer sich darin vergeht, sich selber absondert vom Zusammenleben der Menschen. Tödlich ist sein Vergehen und tödlich deshalb die Strafe. So dachte man zur Zeit Jesu, und im Prinzip denkt man noch heute nicht anders. Auch die frühe Kirche hatte ihre Scheu, diese Szene als heilige Botschaft den Jahrtausenden auf den Weg zu geben.

Aber geht Jesus wirklich lax mit der Sünde um? Er vermeidet es, ein Rechtsurteil zu fällen, das ist wahr. Aber er setzt das mosaische Gesetz den Worten nach nicht außer Kraft, er erklärt nicht einmal, daß man diese Frau nicht steinigen sollte. Oder wozu sein Herz gewiß geneigt hätte, er erklärt nicht, daß die Paragraphen des Alten Testamentes im Grunde archaisch und barbarisch seien, in die Gegenwart nicht paßten und dringend überholt werden müßten. Er strengt keine Gesetzesreform an, so dringend sie nötig wäre, er schafft einzig ein Klima, in dem sich die Frage nach Recht und Unrecht, nach Gesetz und Legalität für einen Augenblick wie von selbst aufhebt.

Worum eigentlich geht es? Man hat nach einer wüsten Nacht eine ganz junge Frau beim Ehebruch ertappt. Der Liebhaber, wie stets in diesen Fällen, ist über alle Berge, die Zeugen, Männer allzumal, interessieren sich einzig für das Opfer, nicht für die Täter. Die Frau wird gegriffen und als eine Jungverheiratete eines um so schlimmeren Verbrechens überführt. Wie konnte sie, die scheinbar so flagrant Gewissenlose, ihre noch junge Ehe derart besudeln?

Von diesem Augenblick an muß man sich für die Psychologie der Häscher interessieren, für die Grundlage, welche die Institution der Steinigung im Herzen der Menschen besitzt, denn nicht daß Mose ein derartiges Gesetz erlassen hat, ist das Problem, sondern daß sich das Verlangen, seine Bestimmungen durchzuführen, immer wieder unter wechselnden Bedingungen im Herzen von Menschen erneuert. Das, was die Frau getan hat, reizt an zur eigenen Begehrlichkeit. Ihre Tat ist es, die für einen jeden im Bereich des Möglichen liegen könnte, und ein jeder hat deswegen ein Interesse, sich zu schützen. Es ist gewissermaßen seine Moralität, die ihn dazu verleitet, zunächst sich selber vom Geschehen auszunehmen. Aber die Unterdrückung und Verdrängung der eigenen Impulse schafft ein Gefälle des inneren Sadismus, und in dieser Form des verdrängten Sadismus schiebt sich die Abwehrhaltung nach außen. Es ist ein furchtbares Symptomgebilde, das sich in der Steinigung manifestiert. Wie kann man den Leib einer jungen Frau bedecken wollen mit Steinen, bis daß sie leblos am Boden liegt? Dieses gräßliche Ritual findet seine vollständige Aufklärung als ein Mischgebilde aus Wunsch und Abwehr. Der Wunsch wäre, an einer solchen gleichermaßen zu handeln wie in der Nacht ihr Liebhaber, und zwar im Kollektiv, als an einer Wehrlosen und Preisgegebenen, sie nach der Art von Männern brutal zu schänden, nicht mit Steinen sie zu berühren, sondern mit Händen, roh, grausam und vergewaltigend, so daß tatsächlich keine Seele mehr in ihrem Körper angetroffen wird. Dies ist der Trieb, der Drang, der Wunsch, der wach wird, als man sie des Nachts aufliest.

Aber so will man nicht sein, gewiß nicht, man möchte nicht einmal zugeben, daß man so wünschen könnte. Also setzt man dagegen die Härte der Verurteilung, die Strenge der Strafe. Aber all das ist ein fauler Kompromiß und zeigt den verdrängten sadistischen Wunsch auf das exakteste: Die Steine, die man nach ihr wirft, sind beides in eins, die Gier wie die Verdrängung, die Barbarei der Unzucht wie die Gewalttat des Gesetzes. Schließlich hat man den Status der unschuldigen Mörder. Ein jeder von ihnen weiß am Ende, daß er durch den Drang des eigenen Herzens nicht gefährdet ist. Der eigenen Lauterkeit versichert er sich, indem er eine »solche«, wie es im Evangelium wörtlich heißt, ausmerzt. Lebt sie nicht mehr, lebt auch die Geilheit scheinbar nicht mehr, tötet man sie, tötet man sich selber ab. Und wann hätten die Moralisten dieser Welt je etwas anderes gepredigt als die Moral der Abtötung, der Kasteiung, der Verdrängung also?

Das Problem ist, daß dies alles wie automatisch funktioniert, hochgeschaltet auf der Ebene des Über-Ichs, der verinnerlichten Gewalt, des andressierten Zwangs. Und dies ist nun die Basis dafür, im Kollektiv zu handeln. Hier hat man an diesem Morgen auf dem Tempelplatz das ungeheuerlichste Raubtier dieser Erde vor sich, den Menschen in der Masse, die Bestie ohne Fell, den Menschen im Kollektiv. Man bestätigt ja nicht nur die eigene Moralität durch die Steinigung, man bestätigt auch die Solidarität der

Gruppe, wie sie zusammenhält wie Pech und Schwefel und ihre eigene Unterminierung durch Wollust und Unzucht nie und nimmer dulden wird. Es wird, wenn es so wie geplant weitergeht, ein jeder seinen Stein werfen. Keiner hat gemordet, nur: Die Frau ist am Ende tot. Und so ist die Masse ausgerichtet, wenn sie aktiv wird. Wie im Rauschzustand besäuft ein jeder sich an den eigenen Phrasen. Sie halten zusammen. Sie sind die Operationsbasis, sich auszuagieren, nur daß schließlich kein einziger mehr verantwortlich zu sprechen ist. Kein einziger ist zuständig, nur das »man«, der Schwarm, die Allgemeinheit existiert. So wie man, wenn man des Nachts betrunken war, am anderen Morgen die ungeheuerlichsten Taten, die frivolsten Späße, die gemeinsten Scherze als ein Ehrenmann entschuldigen kann – man war ja betrunken –, so in der Masse: Man war nur Teilatom im Kollektiv, weitab liegt der Gedanke, daß man für die eigenen Handlungen verantwortlich sein könnte, im Gegenteil, das Geschöpf selber war die objektive Allgemeinheit, und sie hat man befolgt in der Gemeinheit. Wie bekommt man es fertig, gegen diese brutalisierte Front der Masse einen Funken der Humanität zu zünden?

Das ist im Grunde das Problem, dem Jesus sich an diesem Morgen gegenübersieht. Da ist noch hinzuzufügen, daß der Clan aufgeputscht wird in einem politischen Kabinettstück. Man führt das Gesetz des Mose ein wie im Triumph, nicht nur um die Frau, sondern vielmehr um Christus fertigzumachen. Der Masse ist es im Grunde egal, wen sie mordet. Da es keinen einzelnen gibt, zählt auch nicht ihr Opfer. Sie berauscht sich im Moment, aber kurz drauf hat sie alles vergessen. Den Pharisäern und den Schriftgelehrten aber ist das Spiel mit der Menge wichtig. In Gegensatz dazu muß man setzen, was Jesus für gewöhnlich sagt: Richtet ihr nicht, sonst müßte Gott nach gleichem Maßstab euch richten. Was habt ihr für ein Interesse, den Splitter im Auge des anderen zu sehen, statt des Balkens innezuwerden, der euch selber quält? Vergebt einander. Sucht einander zu verstehen, aber werft den anderen nicht die Schuld vor, die in euren eigenen Herzen liegt. Niemals hört man eine einzige Verurteilung aus dem Munde Jesu, es sei denn die Verurteilung der mitleidlosen Rechthaberei, des Pharisäismus, der Gesetzesreligion – der Sünder nie. Dies paßt den Herren gar nicht, die die offizielle Religion verwalten, dies ist den

Bürokraten aller Zeiten ein Skandal, und da sie die Anarchie fürchten wie nichts sonst auf Erden, müssen sie gegen Jesus eine Kasche, wie man auf hebräisch sagt, eine Fangfrage aufstellen. Die Fangeisen sind wohlorganisiert, kaum daß man sehen kann, wie man den Fuß aus diesen Bügeln zu ziehen vermöchte. Sagt Jesus, diese Frau dürfe nicht gesteinigt werden, so erklärt er, daß Gesetz des Mose sei zu verwerfen, also ist er selber nach dem Gesetz des Mose ein Verworfener. Sagt er, die Frau müsse gesteinigt werden, schilt er all das Lügen, was er an Menschlichkeit gewollt hat. Wie kann man handeln unter einem solchen Druck von Pöbelgemeinheit und pharisäischer Finesse? Wie kann man zwischen der Roheit der Masse und dem subtilen Verstand von Henkern einen Ausweg finden für die Frau und für sich selber?

Es geschieht an diesem Morgen auf dem Tempelplatz das Unwahrscheinliche, daß Jesus mit der Kraft seiner ganzen Persönlichkeit auf diese Szene reagiert. In solchen Momenten handelt man nicht überlegt, man verhält sich so, wie man ist. So im äußersten herausgefordert, zeigt sich das ganze Wesen eines Menschen, im Guten wie im Bösen, und kaum in einer Szene sonst begegnet man Jesus so unmittelbar wie hier. Das Geheimnis dieses Augenblicks ist die merkwürdige Atmosphäre von Ruhe, von fast gewitterschwüler Einsamkeit. Es ist nicht möglich, die Psychologie dieser Frau, ihre Hilflosigkeit, ihre Ausgeliefertheit, ihre Selbstvergessenheit zu erklären und zu kommentieren. Es hat auch keinen Sinn, das Raubtier der Masse und die Brutalität des scharfsinnigen Pharisäismus mit Argumenten zu reizen, aber das Unwahrscheinliche geschieht hier, daß Christus die Bestie der Instinkte, dieses Gebräu von Intelligenz und Triebleidenschaft zum Schweigen bringt durch diesen gedehnten Augenblick der Ruhe, so wie ein Dompteur im Zirkus einen Tiger zum Rückzug zwingt durch die angstfreie Ruhe seines Blicks. So sehen wir in vollkommener Gesammeltheit und Unbedrohtheit Christus wie selbstvergessen sich auf sich selbst besinnen. Er bückt sich, wie wenn's die ganze Menge nicht gäbe, und schreibt in den Sand.

Niemand weiß bis heute, was diese Szene soll. Vielleicht daß Christus sagen wollte: All die Gesetze, auf die ihr euch beruft, sind scheinbar auf steinernen Tafeln geschrieben; in Wirklichkeit sind sie nicht gültiger, als was in Sand geschrieben wird. Jeder Wind verformt sie und erschafft sie anders. Das einzige, was wirklich fest wäre, ist nicht, was man in Paragraphen schreibt, sondern was in eurem Herzen lebt. Nur: So wird es nicht erklärt, so muß es empfunden werden. Es muß ein Augenblick der vollkommenen Stille, der völligen Sammlung eintreten, und ihn erzwingt Christus durch sein Nichthandeln.

Erst als man immer weiter auf ihn eindringt, bringt er, ich möchte sagen, das größte seiner Wunder fertig: Wer von euch ohne Schuld ist, werfe den ersten Stein auf sie. Dieser wunderbare Satz vermag es, die Masse aufzulösen, und nur noch einzelne bleiben übrig. Dieser Satz erreicht, daß ein jeder für sich nicht nur das allgemeine Gesetz in seiner Hoheit im Gehirn hat, sondern beginnt, sich selber wahrzunehmen. Er fängt an zu sehen, welche Gefühle ihn beherrschen, Empfindungen der Schadenfreude, der Wollust, der Rechthaberei, des Sadismus, des Sich-die-Hände-Reibens. Und er entdeckt, wie in einem Abgrund, in sich die Möglichkeit, in Begehrlichkeit so handeln zu können, als wäre die Frau die Schuldige, als wäre die Unterrock-Schnüffelei von den Frauen erfunden, als hätte das Interesse am anderen Geschlecht der Art, wie wenn die Frauen bloß eine Ansammlung von Primärreizen wären, ihre Begründung in der Natur der Frauen, als wären nicht die Männer es, die ihre Beute suchen und schließlich schuldig sprechen, so daß vierzig Jahre nach Christus ein frommer Zadig erklärt hat, der ganze männliche Gerichtshof, der über Frauen in Fragen des Ehebruchs zur Debatte sitzt, sei abzuschaffen wegen Befangenheit vor dem Gesetz. So denkt Christus nicht. Nicht auf der Basis des Gesetzes löst er das Problem. Er möchte, daß das Herz des Menschen an diesem Morgen einsichtig wird bis zu dem Punkt, daß jeder sich gestehen muß: Auch ich wäre fähig, so zu tun. Erst dann hört die Moral der Verdrängung auf, wenn man sich die eigenen Gefühle und Möglichkeiten eingesteht. Erst dann hebt sich die Angst auf, die grausam macht. Erst dann löst sich das Chaos der verdrängten Triebe. Erst dann findet man Zugang zum eigenen Herzen und kann merken, wie unbedroht und ruhig man mit den eigenen Antrieben leben kann, denn ohne Angst sind sie nicht schlimm; unverdrängt und zum Leben zugelassen, sind sie sehr geordnet. Gott hat sich nicht vertan, als er das Herz des Menschen schuf mit all seinen Möglichkeiten, Wünschen, Leidenschaften und Energien. Ohne Angst und wie Gott es gemacht hat, ist es ein wunderbares Gebilde, unser Herz, und wir hätten keinen Grund, es zu fürchten. Wir könnten mit einemmal der Moral entsprechen ohne innere und äußere Gewalt.

Und so gehen diese Männer am Morgen auf dem Tempelplatz von dannen als sich selbst Zurückgegebene, vom Zwang des Gesetzes Befreite, als Erlöste. Und es geht diese Frau zurück in ihr Leben, freigesprochen, weil es vor Gott und in Wahrheit beurteilt keinen Menschen gibt, der sich hinstellen könnte und sagen könnte und dürfte: Du bist schuldig. Einzig das Verstehen lehrt, gemeinsam zu sein, die Aburteilung wird gemein. Niemand existiert, der sagen dürfte: Ich bin dein Richter, ich habe die Gesetze, nach denen ich dich wegdränge aus dem Zusammenleben der Geschwisterlichkeit. Daß gerade der Verlorene Verständnis, Güte und Erbarmen braucht, dies war, was Jesus meinte. Daß man, wie wir am letzten Sonntag im Evangelium hörten, den Zurückgekehrten herzlich umarmt, dies wollte er.

Wilfried Feldenkirchen
Führung und Fürsorge

Dem Selbstverständnis als Familien- und Firmenoberhaupt entsprach ein patriarchalischer Führungsstil, der zwar dem Fürsorgeprinzip verpflichtet war, im Gegenzug aber unbedingte Loyalität verlangte. Dies führte zu den bereits erwähnten Spannungen mit seinem Bruder Wilhelm sowie dazu, daß Werners Söhne erst mit seinem Tod wirklich freie Hand erhielten.

Andererseits ließ Werner von Siemens das Fürsorgeprinzip auch seinen Mitarbeitern gegenüber gelten, wobei sich sein gesunder Egoismus mit einem ausgeprägten Gerechtigkeitsgefühl und einem Gefühl moralischer Verpflichtung verband. Auf seine Initiative entstand – im Vergleich mit anderen Unternehmen relativ früh – ein nach patriarchalischen Grundsätzen gestaltetes Sozialleistungssystem.

Werner von Siemens machte sich schon früh Gedanken zu möglichen, über die normale Entlohnung hinausgehenden Formen der betrieblichen Sozialpolitik als Antwort auf die damals noch bestehende allgemeine soziale Ungesichertheit sowie als Mittel, dem in Zeiten guter Auftragslage immer wieder entstehenden Mangel an qualifizierten Arbeitskräften entgegenzuwirken und zugleich die Motivation seiner Mitarbeiter zu erhöhen. Seine durchaus rationale Personalpolitik, die auf persönlich vermittelter Loyalität, finanziellen Anreizen und einem engen Verständnis von Bürokratie basierte, war weit davon entfernt, Beschäftigte nur als bloße Arbeitskraft anzusehen. Er betrachtete es als moralische Verpflichtung, ihnen über den Lohn hinaus einen Anteil am gemeinsam erwirtschafteten Gewinn zukommen zu lassen. Seinem Bruder Carl schrieb er:

»Mir würde das verdiente Geld wie glühendes Eisen in der Hand brennen, wenn ich treuen Gehilfen nicht den erwarteten Anteil gäbe. Es wäre auch nicht klug von uns, sie leer ausgehen zu lassen im Augenblicke großer neuer Unternehmungen.«

Bei den leitenden Beamten, die viel Verantwortung trugen, erschien ihm dafür das System einer Gewinnbeteiligung am erfolgversprechendsten, da ihm der Zusammenhang zwischen fehlenden Kontrollmöglichkeiten in einem ständig wachsenden Unternehmen auf der einen Seite und Motivation leitender Kräfte andererseits durch finanzielle Anreize durchaus bewußt war. Der Kreis dieser »Tantiemisten«, die seit 1854 ihren Anspruch der Höhe nach vertraglich geregelt hatten, blieb stets sehr klein, nachrangige Mitarbeiter erhielten aber auch Prämien, deren Höhe allerdings nicht vertraglich festgeschrieben war und die als Zuwendung für individuelle Leistung gewährt wurden und besonderen Motivationscharakter haben sollten. Werner von Siemens fühlte sich zwar zu einer Gewinnbeteiligung moralisch verpflichtet, sah aber auch die Vorteile für das Unternehmen, wenn die Ziele der Angestellten und der Firmenleitung sich deckten. In einem Brief an seinen Bruder Carl heißt es:

»Ich habe noch immer gefunden, daß es die größte Verschwendung ist, diejenigen, die an der Leitung von Geschäften beteiligt sind, nicht am Resultat zu beteiligen. Eine einzige Dummheit weniger kann das schon wieder einbringen! Bei großen und namentlich verzweigten Geschäften, die man nicht selbst übersehen und speziell dirigieren kann, muß man einen wesentlichen Teil des Gewinns seinen Stellvertretern zuwenden. Das ist eine Grundregel für den guten Betrieb großer Geschäfte! Seit in Berlin alle Meister sogar eine jährliche, vom Werkstattgewinn abhängige Prämie erhalten, ist ein ganz anderer Geist eingezogen; wir arbeiten mehr, billiger und besser und wissen dabei nicht die Arbeit zu bewältigen!«

In der Berliner Werkstatt hatte Werner von Siemens schon früh Personalpflege betrieben, um sich auch eine möglichst hohe Kontinuität im Arbeiterstamm zu sichern und einen Mangel an Facharbeitern zu vermeiden. Bereits seit 1855 wurden zu Weihnachten nach individueller Leistung und Geschäftsergebnis Prämien gezahlt. Darüber hinaus bemühte sich Werner von Siemens um einen guten persönlichen Kontakt zu seinen Arbeitern und lud zum Beispiel die Meister und Beamten bis nach 1870 jedes Jahr zu Himmelfahrt in sein Haus ein, um im persönlichen Gespräch mehr über ihre Wünsche und Sorgen zu erfahren.

Das starke Anwachsen des Unternehmens und eine Umstellung von der eher handwerklichen auf eine »fabrikmäßige« Produktion erschwerten allerdings mit der Zeit diesen persönlichen Kontakt. Die Mitarbeitermotivation mußte auf andere Weise gefördert werden, so zum Beispiel durch die Einführung des Akkordlohns, die es den Arbeitern rasch ermöglichte, wesentlich höhere Löhne als zuvor zu erzielen. Gleichzeitig war Werner von Siemens weitblickend genug, die stärkere Belastung durch die Akkordarbeit zu erkennen und mit einer Reduzierung der Arbeitszeit zu reagieren. Bei Siemens & Halske wurden seit 1872 noch neun Stunden täglich (54 Wochenstunden) gearbeitet. Trotz der deutlich gestiegenen Reallöhne kam dabei auch der Unternehmer auf seine Kosten: Die Selbstkosten für die einzelnen Erzeugnisse gingen mit der Einführung des Akkordsystems zurück.

Dennoch wurde das Akkordsystem von der alten, eher handwerklich orientierten Belegschaft mit Vorbehalten aufgenommen. Eine bedeutende Sozialleistung war die 1872 zum 25jährigen Bestehen der Firma Siemens & Halske eingerichtete Pensionskasse, die als Altershilfe für die Arbeiter und auch als Mittel der Bindung jüngerer Mitarbeiter an die Firma dienen sollte, zumal in den 1870er Jahren mit der Einführung der freien Berufswahl und des Koalitionsrechts die Zahl der Arbeitsplatzwechsel in der gesamten Wirtschaft erheblich anstieg. Die mit 50000 Talern aus Mitteln der drei Brüder Siemens und 10000 Talern Zuschuß von Halske gegründete Kasse diente der Steigerung der Loyalität der großen Mehrheit der Mitarbeiter, die keine Tantiemen bezogen und bei denen man eine direkte Gewinnbeteiligung letztlich für nicht praktikabel hielt. Überlegungen in bezug auf eine solche Kasse hatte es schon früher gegeben. Bereits 1868 hatte Werner von Siemens überlegt, eine Pensionskasse für alle Geschäfte einzurichten und schrieb an seinen Bruder Carl:

»Jedenfalls müssen wir auch für das Tifliser Geschäft (Berg- und Hüttenmännisch) eine Pensionskasse begründen. Ich denke, wir machen eine gemeinsame, große, zu der die verschiedenen Geschäfte und die Leute selbst beitragen. Überlege Dir das doch gründlich. Im Übrigen haben Halske und ich den Reservefonds immer als ein Mittel betrachtet, die Leute an uns fest zu halten, nicht bloß die Tantiemisten.«

Den Grundstock für die Pensionskasse im Alters- und Invaliditätsfall bildete eine Schenkung von 60000 Talern. Darüber hinaus verpflichtete sich das Unternehmen, für jeden Arbeiter und Beamten jährlich einen Beitrag an die von den Beteiligten gewählte Kassenverwaltung zu zahlen. Nach 30jähriger kontinuierlicher Tätigkeit bei der Firma waren die Arbeiter dann berechtigt, Altersbezüge in Höhe von zwei Dritteln des aktiven Lohns zu erhalten. Gleichzeitig bot die Kasse eine Unterstützung für Witwen und Waisen. Die Ansprüche gingen nur bei Kündigung von seiten des Arbeitnehmers verloren. Bei Entlassungen wegen mangelnder Arbeit erhielten die Arbeiter einen Anrechtsschein auf Wiedereintritt.

Viele Arbeiter blieben tätig, wenn sie bereits Ruhegeld bezogen, und schätzten die Pension als zusätzliches Einkommen und beruhigende Absicherung. Die Bindung an das Unternehmen wurde durch die Kasse sehr erhöht, zumal sie im Gegensatz zur staatlichen Alters- und Invaliditätsversicherung, die 1889 verpflichtend wurde, beitragsfrei war. Von der gesetzlichen Altersversicherung blieb die Pensionskasse als betriebliche Maßnahme unberührt.

In seiner betrieblichen Sozialpolitik unterdrückte Werner von Siemens aus rationalen Erwägungen seine patriarchalischen Neigungen, die bei seiner »Unternehmensphilosophie« stark zutage traten. Eine Einmischung in die privaten Angelegenheiten seiner Arbeiter im Sinne einer »Gutsherrenhaltung«, wie wir sie zum Beispiel bei Alfred Krupp beobachten können, ist bei Werner von Siemens auch nicht in Ansätzen erkennbar. Die Scheu vor einem solchen neopatriarchalischen Zugriff auf die Arbeiterschaft ließ ihn trotz der schwierigen Wohnungssituation in Berlin auf den Bau von Werkswohnungen verzichten. Pläne dazu gab es bei Siemens & Halske bereits 1883.

Die unternehmerische Haltung von Werner von Siemens war von der Überzeugung geprägt, daß die sozialen Probleme auf der Basis des Zugeständnisses gelöst werden müßten, da alle in einem

Unternehmen tätigen Personen voneinander lebten. Sein gesunder Egoismus ließ ihn in den Verhandlungen mit den Arbeitern immer wieder einen Weg finden, einerseits ihren legitimen Anspruch zu erfüllen, andererseits alles abzulehnen, was nach seiner Meinung die Firma und damit die Erwerbsmöglichkeiten der Arbeiter ruinieren könnte.

In seinen »Lebenserinnerungen« formuliert Werner von Siemens seine Motivation für innerbetriebliche Sozialleistungen so:

»Es war mir schon früh klargeworden, daß eine befriedigende Weiterentwicklung der stetig wachsenden Firma nur herbeizuführen sei, wenn ein freudiges, selbsttätiges Zusammenwirken aller Mitarbeiter zur Förderung ihrer Interessen erwirkt werden könnte. Um dieses zu erzielen, schien es mir erforderlich, alle Angehörigen der Firma nach Maßgabe ihrer Leistungen am Gewinne zu beteiligen.«

Die Erkenntnis, daß die Arbeitszufriedenheit seiner Mitarbeiter sein ureigenstes Interesse war, verband sich aufs glücklichste mit seiner philanthropischen und fürsorgenden Grundhaltung. Eine Kehrseite existierte allerdings auch: Werner von Siemens erwartete von seinen Mitarbeitern unbedingte Loyalität und eine strikte Einhaltung des Arbeitsfriedens. Anstehende Konflikte sollten grundsätzlich intern und unter Ausschaltung von Außenstehenden gelöst werden. Verstöße gegen die hierarchische Firmenstruktur wurden mit Strafen bis zur Entlassung geahndet, ein Führungsstil, der von Kocka mit der auf den ersten Blick etwas widersprüchlichen Formulierung »liberaler Patriarchalismus« bezeichnet wurde, jedoch eher als fürsorgerischer Patriarchalismus anzusehen ist.

Die Verabschiedung der staatlichen Sozialgesetzgebung und das Wachstum des Unternehmens entzogen allerdings seit den 1880er Jahren der auf informell-patriarchalischen Führungsmethoden basierenden Sozialpolitik zunehmend ihre Grundlage.

Hans Küng
Nachhaltige Entwicklung und Weltethos

Wie dringend und unverzichtbar die ethische Reflexion im Hinblick auf eine konstruktive Weltordnungspolitik ist, zeigt sich auch daran, daß scheinbar selbstverständliche Forderungen wie die nach einer auf Dauer angelegten, »dauerhaften« oder »nachhaltigen« Entwicklung keineswegs für die Allgemeinheit selbstverständlich, gar evident sind. Der Weltgipfel für soziale Entwicklung in Kopenhagen (1995) hat diese Forderung zwar voll bejaht, aber sich doch eher auf ein Wunschprogramm denn auf eine konkrete Politik verständigen können. Nicht nur die Industrieländer, auch die Entwicklungsländer wollten sich nicht konkret zu Maßnahmen verpflichten, welche die Ursachen von Umweltzerstörung, Migration und Krieg beseitigen. Es fehlen hier nicht nur bestimmte politische Strukturen, es fehlt vor allem der ethisch-politische Wille, und dieser braucht eine Motivation. Man spricht denn auch unter Entwicklungstheoretikern und -politikern von einem Motivationsproblem. Konkret gefragt: Warum eigentlich soll es den Generationen nach uns, wenn es nun einmal der Lauf der Dinge ist, nicht schlechter gehen? Warum soll es ihnen, wie manchmal verlangt, sogar noch besser gehen? Fragen nicht nur von Skeptikern, Zynikern und Nihilisten, sondern auch von Ökonomen, Pragmatikern und Realisten.

Zukunftsvorsorge – wie begründen?

Machen wir uns zunächst die Frage theoretisch klar, und gehen wir in zwei Schritten vor, denn die Forderung der Nachhaltigkeit der sozialen Entwicklung ist von der Forderung nach Zukunftsvorsorge zu unterscheiden. Was läßt sich da mit vernünftiger Argumentation beweisen? Diesbezüglich ist nun tatsächlich Skepsis geboten:

(1) Die reine Vernunft vermag die Forderung der Nachhaltigkeit einer Entwicklung nicht zu beweisen: Unter »Nachhaltigkeit« ver-

steht man »eine Entwicklung, bei der die natürlichen Grundlagen so erhalten bleiben, daß die Lebensverhältnisse der heutigen Generationen auch für die kommenden Generationen als Angebote bestehen bleiben«. Also schlicht gesagt: Es darf den Folgegenerationen nicht wesentlich schlechter gehen als uns! Aber warum?

Schlimm ist, daß offensichtlich keine naturwissenschaftlichen Gründe beigebracht werden können, die in quasi-automatischer Logik erzwingen, daß eine Politik der Nachhaltigkeit unbedingt betrieben werden müßte. Auch Vertreter einer nachhaltigen Entwicklung haben erkannt, daß es sich hier um eine ethische Entscheidung handelt: Die Notwendigkeit, bestimmte erhaltenswerte Elemente der Umwelt und bestimmte Lebensbedingungen auszuwählen, lasse sich weder rein ökonomisch noch rein ökologisch begründen. Dies sei eine Frage kulturellen Selbstverständnisses: keine Frage einer Einzelwissenschaft, sondern eine Frage der Ethik und der Politik. Es ist richtig: Den dabei notwendigen Auswahlprozeß können die Sozialwissenschaften verdeutlichen und interpretieren, wie das beeindruckende Vorbereitungsdokument des UN-Sozialgipfels zeigt. Doch, und dies zeigt dann leider das letztlich enttäuschende Ergebnis dieses Gipfels, die Leistung selber muß »ethisch und politisch« erbracht werden. In einem Satz: Nachhaltigkeit ist »weder ein ökonomisches noch ein ökologisches, nicht einmal ein wissenschaftliches Konzept, sondern eine ethische Forderung« (O. Renn). Wenn dies aber so ist, stellt sich die Frage nach der Begründung dieser ethischen Forderung. Sich mit ihr auseinanderzusetzen, ist vor allem Aufgabe von Philosophie und Theologie.

(2) Die reine Vernunft vermag auch die Forderung der Zukunftsvorsorge nicht zu beweisen. Dieses Prinzip besagt: Wir sollen so handeln, daß es den Folgegenerationen nicht nur nicht schlechter geht als uns (Nachhaltigkeit), sondern daß es ihnen besser geht (Vorsorge). Aber wiederum die Frage: warum? Für viele ein sympathisches, aber vielleicht doch – zumindest für Ökonomen – ein zu weit gehendes und deshalb unrealistisches Prinzip.

Das eine jedenfalls ist unbestreitbar: Es hängt ganz und gar von unserer ethischen Motivation ab, ob wir uns dafür entscheiden, ob es der Generation unserer Kinder gleich gut wie uns oder schlechter oder besser gehen soll. Hier mit der reinen, der theoretischen Vernunft allein zu argumentieren, wäre kurzschlüssig. Denn diese Erkenntnis hat sich – das ist ein Verdienst von Jürgen Habermas – auch in der Philosophie durchgesetzt: Die Vernunft ist Interessen unterworfen.

Das heißt nun aber: Mit der reinen Vernunft allein ist die Frage kaum zu entscheiden, ob ich mich hier und heute um das Schicksal zukünftiger Generationen sorgen soll. Oder habe ich nicht schon der Sorgen genug, und kann es mir deshalb nicht egal sein, wie es späteren Generationen ergeht? So können Beliebigkeitspluralisten »argumentieren«: Was kümmern mich verödete Landschaften – anderswo? Was der Artenschwund – solange mein Garten blüht und mein Hund am Leben bleibt? Was die klimatischen Veränderungen – die doch erst im Jahre 2000 plus x die Ozeane steigen lassen? Und warum soll dies nicht wirklich ein Standpunkt sein: Hauptsache, ich lebe gut und kann tun, was mir Spaß macht? Dies entspricht doch durchaus heutiger psychologisch-psychotherapeutischer »correctness«: Auf die eigene Selbstverwirklichung kommt alles an! Auf den vorderen Seiten der Zeitungen, sagte neulich der Kenner der deutsch-französischen Szene, Alfred Grosser, vertritt man das politisch-soziale Engagement, auf den letzten Seiten »Tu, was du willst, und tobe dich aus!« Warum sich kümmern um die anderen und erst recht die Nachgeborenen?

Aber nun im Ernst für die Ernsthaften gesprochen: Es ist in der Tat eine zutiefst ethische Grundentscheidung, ob ich mir über das Schicksal nicht nur unserer Kinder, sondern auch künftiger Generationen überhaupt Gedanken mache, geschweige denn dafür arbeite, daß es künftigen Generationen bessergeht als meiner Generation oder zumindest nicht schlechter. Ethos ist also mehr als Interessenabwägung im konkreten Fall. Ethos zielt auf eine Selbstverpflichtung im Blick auf andere, die sowohl unbedingt wie allgemeingültig ist. Diese aber muß selbstverständlich angesichts von divergierenden Interessen und Sachzwängen kritisch reflektiert werden. Denn auch Ethik ist nicht konfliktfrei zu haben. Ethische Entscheidungen sind oft großen Spannungen unterworfen, gerade wenn sie von religiösen Tiefenüberzeugungen her bestimmt sind. Deshalb muß nun auch bezüglich der Religion bedacht werden:

(3) Die Religion kann angesichts der Forderung der Nachhaltigkeit und Zukunftsvorsorge versagen. Schon bei der UN-Konferenz für Umwelt und Entwicklung in Rio de Janeiro (1992) wurde deutlich: Dieser Umweltgipfel hat zwar eine durchaus zukunftsweisende Agenda für eine nachhaltige Entwicklung und eine Klimakonvention verabschiedet. Aber was nützt dies, wenn bisher kein einziger Staat bereit war, die dort durchaus einvernehmlich verabschiedete Erklärung konsequent in praktische Politik umzusetzen? Hier fehlt zur Durchsetzung nicht nur ein international verbindliches Regime, sondern – und die Klimakonferenz in Berlin (1995) bestätigt dies – der ethisch-politische Wille zum Handeln. Die Religionen spielen hierbei eine gewichtige, wenngleich nicht immer glückliche Rolle. Ein Konsens schon über ökologische Probleme gerade unter den Entwicklungsländern konnte allein durch Appell an die Zweckrationalität offensichtlich nicht erzielt werden, weil stets weltanschauliche und religiöse Faktoren mit im Spiel waren.

Dasselbe gilt auch für die UN-Weltbevölkerungskonferenz in Kairo (1994). Es ist hier mit viel wissenschaftlichem und rhetorischem Aufwand deutlich gemacht worden, daß eine der größten Gefahren für ein menschenwürdiges Überleben der Menschheit das zu hohe Bevölkerungswachstum vor allem in den armen Ländern darstellt: Auf 9,4 Milliarden bis im Jahr 2050 (»World Population Prospects: The 1996 Revision«) wird die Weltbevölkerung ansteigen, die schon jetzt vielerorts keine Schulen, Arbeitsplätze oder gar ausreichende Ernährung findet. Dabei zeichnen sich in manchen Ländern durchaus Gegentrends ab: sich verlangsamende Wachstumsraten. Die wesentliche Ursache dafür wird in der Tatsache gesehen, daß schon jetzt mehr Paare als angenommen Verhütungsmittel anwenden; demgegenüber sind der Anstieg der Sterblichkeitsrate durch Kriege und Aids, die Verringerung der Lebenserwartung, Armutsbekämpfung und bessere Bildungsangebote als Ursachen zweitrangig. Aber wir haben es bereits im Zusammenhang mit Fundamentalismus und Moralismus gesehen: Die religiösen Gegensätze – gerade bei der Frage der Bevölkerungsexplosion und Empfängnisverhütung – prallen hier hart aufeinander. Fundamentalisten christlicher und islamischer Provenienz taten in Kairo alles, um ihre eigene Sexualmoral durchzusetzen und der unkontrollierten Bevölkerungsentwicklung in wenig verantwortungsvoller Weise freien Lauf zu lassen.

Wenn wir also über eine ethische Begründung der Forderung von Nachhaltigkeit und Zukunftsvorsorge reden, müssen wir leider damit rechnen, daß nicht nur die reine Vernunft nicht ausreicht, sondern daß auch die Religion versagen kann, weil sie desavouiert wird von bestimmten religiösen Interessengruppen und Machtblöcken. Gerade wenn man sich einsetzt für ein von den Religionen gestütztes gemeinsames Menschheitsethos, wird man deutlich Stellung nehmen müssen gegen den religiösen Moralismus, der keine Grenzen seiner Kompetenz kennt. Auch eine Kirche oder Religion darf nicht – wie allerneuestens sogar auf der UN-Ernährungskonferenz in Rom (1996) – die Bedeutung des anhaltenden exponentiellen Bevölkerungswachstums herunterspielen; alle neun Monate wächst die Weltbevölkerung zur Zeit noch immer um 80 Millionen – die Einwohnerzahl Deutschlands!

Ziel und Kriterium: der Mensch in lebenswerter Umwelt

Aber jetzt positiv gefragt: Was könnte für eine nachhaltige Entwicklung die ethische Maxime sein? An der Schwelle zum dritten Jahrtausend stellt sich dringlicher denn je die ethische Kardinalfrage: Unter welchen Grundbedingungen können wir überleben, als Menschen auf einer bewohnbaren Erde überleben und unser individuelles und soziales Leben menschlich gestalten? Unter welchen Voraussetzungen kann die menschliche Zivilisation das dritte Jahrtausend bestehen? Welchem Grundprinzip sollen die Führungskräfte der Politik, der Wirtschaft, der Wissenschaft und auch der Religionen folgen, um eine nachhaltige Entwicklung zu ermöglichen? Unter welchen Voraussetzungen kann aber auch der einzelne Mensch zu einer geglückten und erfüllten Existenz kommen? Zuerst ganz allgemein und grundsätzlich ethisch geantwortet:

Eine »biozentrische« Konzeption, die nicht nur Pflanzen und Tieren, sondern auch ökologischen Systemen und biologischen Arten ein Existenzrecht zuschreiben will, scheint als praktische Entscheidungshilfe ebensowenig geeignet wie eine »holistische

Konzeption«, die auch die unbelebte Natur um ihrer selbst willen schützen will. Der Kritik von Dieter Birnbacher an diesen beiden Positionen, die selbstverständlich wichtige Anliegen vertreten, ist zuzustimmen; zur Maxime »Jeder nimmt auf alles Rücksicht« bemerkt er zu Recht: »Wenn alles schützenswert ist, gibt es keine Maßstäbe, die Eingriffe in die Natur rechtfertigen können.«

Dagegen sollte freilich auch keine »anthropozentrische« Konzeption im traditionell-exklusiven Sinn vertreten werden, welche die Leiden der Tiere ignoriert und die Umwelt vernachlässigt, wohl aber eine integrative humane Konzeption: Humanität in kosmischem Kontext, wie dies von alters her mehr in der indischen und chinesischen Spiritualität betont wurde als im christlichen Abendland. Statt der ausbeuterischen Herrschaft des Menschen über die Natur die Eingebundenheit des Menschen in die Natur!

Was auch in Weltökonomie und Weltökologie das grundlegende Ziel und Kriterium ethischen Handelns zu sein hat, ist bereits im Zusammenhang der Weltpolitik deutlich geworden: Es ist der Mensch inmitten einer lebenswerten Umwelt. Der Mensch muß sein menschliches Potential für eine möglichst humane Gesellschaft und eine intakte, bewohnbare, funktionsfähige und den Werten des Menschen entsprechende und deshalb lebenswerte Umwelt anders ausschöpfen, als dies bisher der Fall war. Denn seine aktivierbaren Möglichkeiten an Humanität sind größer als sein Ist-Stand. Insofern gehören das realistische Prinzip Verantwortung (Hans Jonas) und das »utopische« Prinzip Hoffnung (Ernst Bloch) zusammen.

Welche ökonomischen und ökologischen Projekte auch immer man plant für eine bessere Zukunft der Menschheit, ethisches Grundprinzip muß sein: Der Mensch – das ist seit Kant eine Formulierung des kategorischen Imperativs – darf nie zum bloßen Mittel gemacht werden. Er muß letzter Zweck, muß immer Ziel und Kriterium bleiben. Geld und Kapital sind Mittel, wie Arbeit Mittel ist. Jede Technikfolgenabschätzung hat zu beachten: Auch Wissenschaft, Technik und Industrie sind Mittel. Auch sie sind an sich keineswegs »wertfrei«, »neutral«, sondern sollen in jedem Einzelfall danach beurteilt und eingesetzt werden, inwieweit sie dem Menschen (als Individuum und Gattung) zu seiner Entfaltung dienen in einer lebenswerten Umwelt.

Darüber kann man sich heute theoretisch wohl rasch einigen. Aber das Problem ist die praktische Realisierung: »Alle wollen, aber keiner tut etwas«, formuliert der Sachverständige zugespitzt, »hohes Umweltbewußtsein, aber wenig umweltbewußtes Handeln«.

Das Motivationsproblem

Mit bestimmten Regeln kann eine rationale Ethik für die Praxis ganz bestimmte Haltungen und Lebensstile empfehlen: Selbstbegrenzung, Friedensfähigkeit, Verteilungsgerechtigkeit, Lebensförderlichkeit. Sie kann auch für die Technikfolgenabschätzung zur Güterabwägung bestimmte Vorzugs- und Sicherheitsregeln anbieten: Problemlösungsregel, Beweislastregel, Gemeinwohlregel, Dringlichkeitsregel, Ökoregel, Reversibilitätsregel.

Alle diese Regeln geben eine Anleitung zu einem differenzierten vernunftgemäßen Handeln, aber sie geben keine Antwort auf die Frage nach der sittlichen Motivation. Bezüglich einer Langzeitverantwortung für kommende Generationen und die Natur stellt sich diese Frage mit besonderer Schärfe: »Bisher weitgehend ungelöst ist das Motivationsproblem« (D. Birnbacher). Warum? Dem Experten zufolge spricht psychologisch gesehen so gut wie alles *gegen* die Praktikabilität der Zukunftsverantwortung: vor allem die Unmöglichkeit einer Kompensation ethisch motivierter Vorleistungen durch entsprechende Gegenleistungen, aber auch die Anonymität des Zukünftigen, schließlich die Unsicherheit unseres prognostischen Wissens. Unter diesen Umständen verschärft sich die Frage: Woher soll die Motivation zur Zukunftsethik, zur Langzeitverantwortung gegenüber späteren Generationen, zur Langzeitverantwortung gegenüber der Natur kommen?

Eine solche Motivation setzt zunächst eine Bewußtseinsänderung voraus: Es kommt darauf an, »ein Bewußtsein der eigenen zeitlichen Position in der Kette der Generationen zu entwickeln und ein generationenübergreifendes Gefühl der Gemeinschaft, wenn nicht mit der ganzen Menschheit, so doch mit einer begrenzten kulturellen, nationalen oder regionalen Gruppe auszubilden«; aus solcher Bewußtseinsänderung ließe sich eine doppelte Einstellung gewinnen, nämlich »eine Einstellung der Dankbarkeit in rückwärtiger und der Anerkennung von Vorsorgeverpflichtungen in zukünftiger Richtung«. Dafür ist sicher jede Motivationshilfe besonders von Philosophie und Theologie willkommen.

So hat der Tübinger Philosoph Otfried Höffe in konstruktiver Weise »Bausteine für ein ökologisches Weltethos« erarbeitet. Er ist der Meinung, daß die Wissenschaften sich gerade aufgrund der modernen Entwicklung »moral-offener«, sogar als »moralanfälliger« darbieten. Zugenommen hätten nicht so sehr die Verfehlungen, sondern die Möglichkeiten, sich zu verfehlen, nicht so sehr die Gewissenlosigkeit als die moralische Fehlbarkeit. Gegen wissenschaftliche wie technische Allmachtsillusionen einerseits und Überängstlichkeit als Folge eines radikalen Technikpessimismus andererseits verlangt er die Rehabilitierung der klassischen, von der autonomen Moral verdrängten Tugenden (der vier »Kardinaltugenden«) und darüber hinaus eine weitere Entfaltung der klassischen Tugendethik. Als Bausteine eines neuen ökologischen Weltethos fordert er konkret zwei ökologische Tugenden:
- gegen die selbstüberschätzende Hybris der Wissenschaft: Gelassenheit;
- gegen die Maßlosigkeit von Technik und ökonomischer Rationalität: Besonnenheit.

Diese Forderungen eines ökologischen Weltethos richten sich Höffe zufolge unmittelbar an eine Rechts- und Staatsordnung und nur über das Medium dieser Ordnung an die Individuen. Man kann der Meinung sein, daß diese Forderungen sich durchaus auch unmittelbar an die Individuen richten und daß diesbezüglich gerade die Religionen ihre besondere, nicht zu vernachlässigende Motivationsfunktion haben. Insofern könnte die Weltethos-Erklärung des Parlaments der Weltreligionen diesen philosophischen Ansatz vertiefen. Und was die nachhaltige Entwicklung angeht, so haben ja nun gerade die Religionen zu allermeist einen Sinn für das, was der Entwicklungsspezialist die »Kette der Generationen« nennt, ja gerade für die von ihm geforderte Dimension der Dankbarkeit im Rückblick und die Dimension der Erwartung und Vorsorge im Blick auf die Zukunft.

Auch die Frage der Unbedingtheit und Universalität des Ethos ließe sich so, wie schon im Zusammenhang der Weltpolitik ausgeführt, leichter beantworten. Denn es stellen sich ja auch bezüglich der Weltwirtschaft grundsätzliche ethische Fragen wie: Warum sollte – vorausgesetzt, man geht selber kein Risiko ein – ein Diktator sein Volk nicht tyrannisieren und diesem sogar die Sanktionen der Völkergemeinschaft zumuten (im »orthodoxen« Serbien, im »muslimischen« Irak), warum soll eine Wirtschaftsgruppe einen tropischen Regenwald nicht abholzen, eine Nation um vermuteter Öl- oder Goldvorräte willen nicht einen Krieg anfangen – wenn das nun einmal im ureigensten Interesse liegt und es keine Autorität gibt, die unbedingt und für alle, auch die staatlichen Machthaber, gilt? Warum sollen sie alle unbedingt anders handeln?

Zu Recht aber hat Hans Jonas in seinem Werk zur Verantwortungsethik angesichts des apokalypse-fähigen Potentials der Atom- oder Gentechnik eine noch radikalere Frage gestellt, mit der die Ethik bisher nicht konfrontiert war: ob und warum es denn auch in Zukunft eine Menschheit geben, ihr genetisches Erbe respektiert werden, ja warum es überhaupt Leben geben soll. Es weist Jonas als wahrhaft radikalen Denker aus, daß er bis auf diese Wurzelfrage vorgestoßen ist und dabei die Mühe offen eingesteht, die es philosophisch braucht, damit man auch nur den ersten Imperativ einer Ethik des Überlebens rational zu begründen vermag: »daß eine Menschheit sei«, daß es keinem Staatsmann erlaubt sei, ein »Vabanque-Spiel mit der Menschheit« zu treiben und ein – möglicherweise verdientes – »Ende der Menschheit« zu wollen. Angesichts von Adolf Hitlers Fieberphantasien vor seinem Selbstmord über den »verdienten« Untergang des ganzen (seiner nicht würdigen) deutschen Volkes oder angesichts der Möglichkeiten eines Saddam Hussein im Besitz von Atombomben gegen Israel oder eines größeren Atomkrieges sind solche Überlegungen wahrhaftig nicht an den Haaren herbeigezogen.

Der Philosoph Jonas gesteht hier offen die Grenzen der Philosophie ein, auch wenn er sie als Philosoph ungern akzeptiert: Daß

»die Menschheit das Recht zum Selbstmord nicht« habe, sei »gar nicht leicht und vielleicht ohne Religion überhaupt nicht zu begründen«. Die »unbedingte Pflicht der Menschheit zum Dasein« und so »die Pflicht ... zur Fortpflanzung überhaupt« könne rein philosophisch nicht auf ein fremdes Recht zurückgeführt werden, da es dafür kein Rechtssubjekt gäbe – »es sei denn ein(es) Recht(es) des Schöpfergottes gegen seine Geschöpfe, denen mit der Verleihung des Daseins diese Fortsetzung seines Werkes anvertraut wurde«. Ich kann Hans Jonas nur zustimmen, wenn er sagt, »daß religiöser Glaube hier schon Antworten hat, die die Philosophie erst suchen muß, und zwar mit unsicherer Aussicht auf Erfolg«. Allerdings ist ihm auch zuzugeben: »Der Glaube kann also sehr wohl der Ethik die Grundlage liefern, ist aber selber nicht auf Bestellung da.«

Karl-Josef Kuschel
Befreiung des Katholischen zu wahrer Katholizität

Wem das Wesentliche des Christlichen identisch ist mit seiner Ursprungsgestalt, der gewinnt die Freiheit, alle geschichtlich gewachsenen Strukturen daraufhin zu überprüfen, ob sie die ursprüngliche Freiheit christlicher Glaubens- und Lebensformen noch bewahrt haben. Der gewinnt den Mut, seiner Kirche – bis zum Zerreißen der Nerven aller Beteiligter – zuzurufen: Habe den Mut, auch das wieder loszulassen, was nicht zum ursprünglichen Wesen gehört. Loszulassen, was sich kulturell und geschichtlich nun einmal an dieses Wesen angelagert hat. Habe vor allem den Mut, loszulassen, was die Botschaft unglaubwürdig macht, indem der Geist der Freiheit abgewürgt wird.

Auch dies ist bei Hans Küng angewandte Rechtfertigungsbotschaft. Und wer diese Mitte nicht sieht, wird seine Kirchenkritik immer auf das Psychologische reduzieren: auf Streitsucht, Selbstprofilierung und intellektuelle Arroganz. Wenn aber die Rechtfertigungsbotschaft im Tiefsten besagt: Nichts und niemand kann sich zwischen den Menschen und Gott drängen; nichts und niemand kann die gnädige Zuwendung Gottes zum Sünder manipulieren, auch nicht die Kirche und ihr Amt, kein Bischof und kein Papst; alles, was Kirche ist, hat vor Gott nichts als dienende Funktion – dann macht diese Botschaft frei für eine je neue geistgewirkte Veränderung der Kirche und ihrer Theologie (einschließlich der nötigen Selbstveränderung des betreffenden Theologen). Und sie sorgt zugleich dafür, daß alle legitime Kritik nicht in zynisches Abschiedsgelächter umschlägt, weil sie gewiß ist, daß das Wesentliche des Christlichen trotz allen Versagens und Mißbrauchs unzerstörbar ist.

Eine kleine Anekdote will mir in diesem Zusammenhang nicht aus dem Kopf. In den 60er Jahren bekam Hans Küng privaten Besuch von einem Kardinal (damals gab es das noch). Dieser blieb über das Wochenende, und die Frage eines Gottesdienstes entstand. Man war sich rasch einig, nicht die Ortsgemeinde aufzusuchen, um öffentliches Aufsehen zu vermeiden. Küng schlug eine Hausliturgie vor. Man könne sich ja gemeinsam an den Tisch setzen und so die Eucharistie feiern. Der Kardinal war verwirrt und fragte unsicher: »Einfach *so*?« »*Einfach* so?« Die Antwort Küngs: »Hatte Jesus mehr?« Und der Kardinal nahm Platz am Wohnzimmertisch …

Ich mache mir an dieser Anekdote klar, was Verwesentlichung des Christlichen meint – im Kontrast zu aller liturgischen, kirchenjuristischen oder dogmatischen Überkomplexität. In der verunsicherten Frage des verwirrten Kardinals meldet sich das Erstaunen all derer, die das Wesen des Christlichen erschüttert glauben, wenn man eine konkrete Gestalt losläßt. Das Zurückfinden zu der großen Einfachheit der christlichen Botschaft aber ist nicht zu verwechseln mit reduzierter Simplizität oder theologischem Populismus, sondern mit dem Bewahren des Entscheidenden und Wesentlichen. Komplexitätsreduktion – ja, aber in nichtregressiver Weise: das ist der Schlüssel zu den Küngschen Bemühungen, »Christ sein« für die Menschen dieser Zeit ursprungsgetreu neu auszulegen.

Beispiel Ketzerrehabilitation: Wer je einmal erschrak über das Ausmaß von Repression, mit der Wahrheit innerkirchlich durchgesetzt wurde, wer einmal durchschaute, wie oft in der Geschichte Häretiker produziert wurden, die sich späterer kirchlicher Rehabilitation erfreuten, der hat auch erkannt, wie oft die Geschichte der Durchsetzung von Wahrheit eine Siegergeschichte war, die als Geschichte der Selbsttäuschung später neu geschrieben werden mußte. Zu den unvergessenen Leseeindrücken gehören für mich nach wie vor die Küngschen Kapitel »Die Kirche und die Juden« sowie »Die Kirche und die Häretiker« in seinem »Kirchen«-Buch von 1967. Unvergessen, weil mir als jungem Studenten erstmals in aller Schärfe die selbstkritische Frage eines christlichen Theologen an eine vielhundertjährige kirchliche Schuldgeschichte im Blick auf *Juden* und Häretiker entgegentrat, welche fast bis zur Theodizeefrage durchstieß:

»Eine vielhundertjährige, unbeschreiblich entsetzliche Leidens- und Todesgeschichte, die im nazistischen Millionenmord am Judenvolk monströs kulminierte: wie war das alles möglich? … Wir fragen dies jetzt schlicht als Christen, als Angehörige einer Gemeinschaft, die sich – im Gegensatz zum alten Gottesvolk – das neue Gottesvolk nennen will. Wir können diese Frage nicht fragen, ohne zu verstummen, vor Scham und Schuld. Könnten wir noch reden wollen, wo Millionen verstummt sind?«

Und was die *Häretiker* betrifft? Hier macht ein katholischer Theologe Schluß mit einer jahrhundertelang wie selbstverständlich praktizierten Schwarz-Weiß-Apologetik gegenüber Häretikern und Ketzern. Von der »Wahrheit in der Häresie« konnte man plötzlich bei Küng lesen, ja vom »Irrtum in der Kirche«. Vom »guten Glauben des Häretikers« ebenso wie vom »gewaltsamen Vorgehen« gegen ihn, bei dem »das Hauptgebot der Liebe« ausgeschaltet worden sei. Sätze wie diese blieben mir unvergessen (und in meinem Leseexemplar von 1967 findet sich die Eintragung: »Seite 302 nie vergessen«):

»Wenig hat der Kirche und ihrer Einheit so viel geschadet wie die gewaltsame Behandlung der Häretiker, welche Ungezählte durch ihre Lieblosigkeit an der Wahrheit irregemacht und aus der Kirche hinausgetrieben hat. Um der ›reinen Lehre‹ willen ist es unmöglich, über Leichen zu gehen. Der Glaubenseifer darf nicht in doktrinäre Ideenbesessenheit pervertiert werden. Nur ein kleiner Schritt ist es ja von der ›Orthodoxie‹ zum rücksichtslosen und blinden religiösen Fanatismus, der die Seele alles Inquisitorentums ist. Historisch und psychologisch läßt sich manchens an der Inquisition verstehen, vor dem Evangelium Jesu Christi rechtfertigen läßt sie sich nie! Eine Kirche fällt in dem Moment vom Evangelium ab, da sie ihre Opposition durch physischen oder geistigen Mord zu liquidieren versucht und aus einer Gemeinde der Liebe zu einer Religion der Henker wird.«

Jürgen Moltmann hat einmal im Blick auf den verbrannten Ketzer Giordano Bruno von der »Ehre der Theologie« gesprochen, nämlich alles zu tun, damit die Würde der Verbrannten und Verbannten wiederhergestellt werde. In der Tat ist jede neue Generation von Theologinnen und Theologen aufgerufen, um ihrer eigenen Ehre willen Verurteilungen von einst im Lichte je neuer Erkenntnisse kritisch zu überprüfen und, wo nötig, entschieden zu korrigieren. Aus der Geschichte der Dialektik von Wahrheit und Irrtum sind entschieden Konsequenzen zu ziehen für einen anderen innerkirchlichen Umgang mit dem theologischen Dissens. Der evangelische Tübinger Theologe Eberhard Jüngel hat dazu 1980 aus gegebenem Anlaß Treffendes gesagt:

»Zur Freiheit der Theologie gehört auch derjenige Mut zur Wahrheit, der rechte Lehre von Irrlehre zu unterscheiden wagt ... Auf jeden Fall (aber) wird das Nein im Namen der Wahrheit daran sein Echtheitskriterium haben, daß es von dem Ja der Liebe begleitet wird. Es ist nicht bekannt, daß der Apostel Paulus, weil er dem Apostel Petrus um der Wahrheit des Evangeliums willen ins Angesicht widerstehen mußte, diesem die missio canonica entzogen hat. Die Liebe ist der Ernstfall der Freiheit, zu der die Wahrheit des Evangeliums befreit und in der nach eben dieser Wahrheit stets aufs neue gefragt werden muß.«

Und weil dies so ist, weil die Liebe der Ernstfall der Freiheit ist, kann das Unrecht nicht verschwiegen werden, das bis heute der Wiedergutmachung harrt: die Aberkennung der »missio canonica« und der Ausschluß von Hans Küng aus seiner Tübinger Katholisch-Theologischen Fakultät. Es ist Zeit, Küngs Rehabilitierung als katholischem Theologen kirchenrechtlich und theologisch ernsthaft in Angriff zu nehmen, nachdem seine Rehabilitation »von unten« nicht nur nie gelitten, sondern im Verlauf der letzten Jahre zugenommen hat. Die österreichischen und deutschen »Kirchenvolksbegehren« sind dafür das sichtbarste Zeugnis.

Grundlage zur Klärung der umstrittenen theologischen Sachfragen sind die Beiträge namhafter katholischer Theologen in dem 1993 erschienenen 930-seitigen »Arbeitsbuch« zur Theologie von Hans Küng. Mein Mitherausgeber Hermann Häring und ich haben die Ergebnisse dieser Studien zum Anlaß eines öffentlichen Appells genommen, den ich hier wiederhole: Wir fordern »den Bischof von Rottenburg-Stuttgart auf, ein Verfahren zur Revision der Maßnahmen zu eröffnen, die im Dezember 1979 von seinem Vorgänger auf starken römischen Druck hin gegen Hans Küng verhängt wurden. Mit einer solchen Maßnahme würde nicht nur ein historisches Unrecht zurückgenommen, sondern auch ein Zeichen der konsequenten Erneuerung der Kirche im Geist des Zweiten Vatikanischen Konzils gesetzt.« Erfreulicherweise wurde dieser Appell nun auch von der jetzigen Katholisch-Theologischen Fakultät in Tübingen aufgegriffen, die Hans Küng im Jahre 1980 gezwungenermaßen verlassen mußte. In einer vom Dekan dieser Fakultät am 12. Februar 1996 anläßlich der Emeritierung von Hans Küng öffentlich verlesenen Erklärung, die von der überwältigenden Mehrheit der Fakultät getragen wurde, wird die »volle Rehabilitierung von Hans Küng« gefordert. Wörtlich heißt es in dieser Erklärung:

»Die Katholisch-Theologische Fakultät hat das Ausscheiden von Hans Küng im Jahr 1979 weder veranlaßt noch betrieben, und sie bedauert die damalige Entwicklung. Ohne die damaligen Ereignisse einer Bewertung zu unterziehen, möchte die Fakultät ihre Bemühungen fortsetzen, mit Hans Küng im Rahmen der Möglichkeiten verbunden zu bleiben. Dies ist bisher schon anläßlich der von ihm betreuten Dissertationen und Habilitationen an unserer Fakultät geschehen. Zwei außerplanmäßige Professoren und eine Privatdozentin unserer Fakultät sind seine Schüler bzw. seine Schülerin ... Hans Küng hat seine Fragen und Thesen stets auf der Basis katholischer Konfession und Kirchlichkeit entwickelt. So wie von Anfang an die Bemühungen Hans Küngs um Fortschritte in der ökumenischen Theologie und die kritische Klärung wichtiger Grundsatzfragen weithin Anerkennung fanden, haben auch seine weiteren Untersuchungen zum innerreligiösen Dialog über Glaube und Moral, die bewußt von der Konzilserklärung ›Nostra Aetate‹ ausgingen, eine nachhaltige Wirkung erzielt. Nachdem durch die Emeritierung Hans Küngs ohnehin eine neue Situation gegeben ist, bitten wir die kirchlichen Instanzen, insbesondere den Bischof von Rottenburg-Stuttgart, Herrn Dr. Walter Kasper, und die römische Glaubenskongregation, die derzeitige Situation einer Neubewertung zu unterziehen. Wir als Katholisch-Theologische Fakultät fordern die volle Rehabilitierung von Hans Küng als katholischen Theologen.«

Man versteht aber die Konflikte um Küngs Theologie letztlich nur, wenn man sieht, daß für diesen katholischen Theologen *Katholizität* ein noch *»unvollendetes Projekt«* ist – und zwar für alle christlichen Kirchen. Denn das Ideal von Katholizität ist etwas anderes als die Ideologie von »Katholizismus« oder »Protestantismus«: eine vom Kleingeist des Anti, des Ab- und Ausgrenzens lebende selbstgerechte Wahrheitsbehauptung einer christlichen Kirche auf Kosten aller anderen. Alle Kirchen haben diese Katholizität noch vor sich. Sie wurzelt in der Treue zum Evangelium und hat in der weltweiten Ausdehnung, in der großen Zahl ihrer Mitglieder, in der kulturell-sozialen Vielfalt und im hohen Alter ihre »Indizien«, ihre »Zeichen« – nicht mehr und nicht weniger. Die Küngsche Theologie lebt also nicht von einem billig-polemischen Anti gegen Institutionen oder Hierarchien, sondern aus dem theologisch präzise begründeten Konzept einer anderen Katholizität im Interesse der Ökumenizität von Kirche.

Um dieser Katholizität der Kirche willen mußten auch die Papst-Dogmen des Vatikanum I (Primat und Unfehlbarkeit des Papstes) theologisch neu durchdacht werden, weil sich mit ihnen die lateinisch-westliche Kirche Roms von den übrigen Kirchen der Christenheit isoliert und unnötige Hindernisse auf dem Weg zur vollen Einheit der Kirchen aufgebaut hatte. Küngs »Anfrage« an diese römische Sondertradition kam also weder aus einem »antirömischen Affekt« noch aus einem rational-antidogmatischen Skeptizismus. Sie kam – aus der Sorge um die Ökumene – aus derselben Mitte seiner Theologie heraus: daß die Kirche Jesu Christi von dem allein unfehlbaren Gott in der Wahrheit gehalten werde. Dabei wollte die »Anfrage« nicht einem basisdemokratischen Schwärmertum Vorschub leisten (als sei die Kirche für Küng nur Bewegung, nicht auch Struktur, nur Erfahrung, nicht auch Tradition, nur Subjektivität und nicht auch Unterwerfung unter ein bindendes Bekenntnis). Küng hat die innerkirchliche Bewegung »von unten« immer dann gestützt, wenn sie Wesensmerkmale der neutestamentlichen Gemeindeverfassung verkörperte. Die »Anfrage« in Sachen Unfehlbarkeit und Primat des Papstes zielte strukturpolitisch letztlich auf ein anderes Verfassungsmodell von katholischer Kirche, das die Anliegen des protestantischen und anglikanischen Kirchenmodells ernst nimmt und zugleich deren Defizite zu vermeiden trachtet. In der Überwindung eines unbiblischen papalistischen Zentralismus mittelalterlicher Provenienz geht es für die katholische Kirche nicht um eine Imitation von Genf oder Canterbury, sondern um ein eigenes Konzept von geistlicher leadership, das – im Sinne von checks and balances – durch konziliare und synodale Strukturen in seiner Macht kontrolliert ist und *so* innerkirchlich wie ökumenisch Akzeptanz ermöglicht.

Diese Bestimmung von Katholizität durch eine katholische Reformtheologie ist eine Herausforderung an alle gewachsenen Konfessionen. Sie fordert Abschied von der katholischen Illusion, Einheit der Kirchen ließe sich durch Rückkehr der anderen Kirchen in ein unverändertes römisch-katholisches »Vaterhaus« erreichen. Zugleich fordert es Abschied von einer protestantischen Selbstzufriedenheit, die meint, eine Besinnung auf verlorene Elemente des Katholischen (in Amt und Sakramenten) nicht nötig zu haben. Eine katholische Reformtheolgoie behauptet hier als »dritte Kraft« (F. Heer) ihr eigenes Recht. Sie muß sich behaupten gegen ein protestantisches Überlegenheitsgefühl, das sich aus der Überzeugung speist, die katholische Reformagenda sei protestantisch längst erfüllt und durch Konversion zum Protestantismus am leichtesten zu erledigen. Sie muß sich aber auch gegenüber einem katholischen Traditionalismus behaupten, der dieselbe Reformagenda mit Verweis auf den angeblich miserablen Zustand des neuzeitlichen Protestantismus zu denunzieren pflegt, um so alles beim alten lassen zu können. Eine katholische Reformtheologie im Geiste des Erasmus von Rotterdam und des katholischen Humanismus tritt vielmehr ein für die Anliegen der anderen Kirchen und der Moderne, ohne die Dialektik des neuzeitlichen Protestantismus und der Aufklärung zu verkennen. Von beiden lernend, ohne beiden zu verfallen, streitet sie für eine ökumenische Öffnung des Katholizismus auf Weltebene: Gelten lassen des anderen, ohne an eigener Substanz und eigenem Profil zu verlieren.

Werner Rings
Die Rettung: Gold

In dieser verflixten Situation befanden sich beide Parteien, der deutsche Riese und die kleine Schweiz, in einer merkwürdigen Verfassung streitbarer Ohnmacht.

Das Abkommen, das die wirtschaftlichen Beziehungen regelte, war am 15. Januar 1943 abgelaufen, und es sollten neuneinhalb Monate vergehen, bis der vertraglose Zustand, der beide Parteien auf Schritt und Tritt verunsicherte, endlich mit der Unterzeichnung eines neuen Abkommens am 1. Oktober 1943 überwunden werden konnte. Die Gespräche, die allerdings bald nach dem formellen Abbruch der Wirtschaftsverhandlungen Mitte Januar wieder aufgenommen wurden, drehten sich vom ersten Tage an um schwerwiegende Fragen.

Das Deutsche Reich hatte zwar vom 850-Millionen-Kredit, den die Schweiz im Juli 1941 gewährt hatte, bis Anfang 1943 nur etwa 700 Millionen Schweizer Franken in Anspruch genommen, wovon sogar erst 600 bis 650 Millionen Franken abgerechnet worden waren. Aber das Bild, das man sich in Bern aufgrund dieser Zahlen machte, trog. In Wahrheit hatte Berlin bereits in aller Stille und Heimlichkeit deutsche Aufträge in der Schweiz plaziert, die weit über die Kreditlimite hinausgingen.

Es ergab sich nämlich – so hieß es damals in einer internen Stellungnahme der Deutschen Reichsbank – daß »die schon plazierten, den Bundeskredit von 850 Millionen übersteigenden Aufträge« sowie »neue Verlagerungsaufträge« ungedeckt geblieben waren. Und weiter: Die Reichsbank nahm für den bereits reduzierten Überhang einen Betrag von 320 Millionen, für die neuen Verlagerungsaufträge 200 Millionen Franken an. Was also die deutsche Verhandlungsdelegation nach Ansicht der Reichsbank anstreben mußte, war ein zusätzlicher Kredit von 520 Millionen.

Im übrigen empfahl die Reichsbank, »wenn irgend möglich private Stundungsabreden mit den wichtigsten Schweizer Unternehmen« zu treffen, mit anderen Worten: die helvetischen Finanzbehörden zu hintergehen.

Das allein hätte genügt, um zu erkennen, daß die Machtposition des deutschen Riesen offenbar erheblich geschwächt worden war. Aber wenn auch die Erwägungen der Reichsbank den Schweizern und der Öffentlichkeit nicht bekannt wurden, blieben doch die raschen Veränderungen auf den Kriegsschauplätzen und in der deutschen Kriegswirtschaft einem aufmerksamen Beobachter nicht verborgen.

Nicht lange zuvor, nämlich in der zweiten Hälfte des Jahres 1942, hatte Deutschland die äußerste Grenze seiner Machtentfaltung erreicht. Sewastopol war erobert worden, der Vorstoß bis zum Kaukasus gelungen. Ebenso ambitiös hatte es das Deutsche Reich unternommen, die wirtschaftliche Mobilisierung Europas für den totalen Krieg voranzutreiben. Dann aber waren schwere Kämpfe in Nordafrika und in der sich wieder erhebenden Sowjetunion entbrannt. Die alliierte Luftwaffe hatte auf die militärische Expansion Deutschlands im Osten mit ungemein zerstörerischen strategischen Angriffen auf deutsche Großstädte und Industriezentren geantwortet, indes die Einführung der verfaßten Zwangsarbeit in den von Deutschland besetzten Gebieten unweigerlich den bewaffneten Widerstand der unterworfenen Völker herausforderte.

Eine Wende kündigte sich an. Nun wurden auf deutscher Seite die höchsten und, wie sich bald zeigen sollte, zu hohe Ansprüche an die eigenen Kräfte gestellt.

Die Schweiz gehörte wahrscheinlich zu jenen Ländern, die als erste die deutsche Selbstüberforderung zu spüren bekamen. Im Verlaufe des Jahres 1942 ließ die deutsche Lieferfähigkeit empfindlich nach. Die Kohlen- und Eisenlieferungen gerieten in diesem einen Jahr um sechs Monate in Rückstand, die Mineralöl-Lieferungen sogar um acht Monate. Das Deutsche Reich schien seine vertraglichen Verpflichtungen nicht mehr erfüllen zu können.

Es kam hinzu, daß am 2. Februar 1943, also zwei Wochen nach dem Abbruch der schweizerisch-deutschen Wirtschaftsverhandlungen, ein einschneidendes Ereignis der Weltöffentlichkeit drastisch vor Augen führte, daß die Überlegenheit der deutschen Waffen keineswegs unumstößlich war. Nach ungemein schweren Verlusten der Sechsten Deutschen Armee – 146000 Gefallene und 90000 Kriegsgefangene – kapitulierte an diesem Tage einer der ruhmreichsten Kampfverbände der deutschen Wehrmacht in Stalingrad. Und das war bekanntlich eine Niederlage, die die militärischen Machtverhältnisse entscheidend veränderte.

Mit dem, was sich nun vor diesem Hintergrund abspielte, wird ein neues Kapitel der Goldaffäre eingeleitet.

Als erste Folge der neuen Lage machte sich in beiden Lagern, in Bern ebenso wie in Berlin, zunächst eine gewisse Verwirrung und Unlust, eine Einbuße an Dynamik und taktischer Beweglichkeit geltend.

Was die Schweiz betraf, stand sie vor der vollendeten Tatsache eines Kredits, den sich Berlin einfach genommen hatte, ohne daß Bern ihn hätte gewähren oder verweigern können. Ihr waren die Hände gebunden: Wohl versuchte sie nun nicht ohne Erfolg, den erheblichen Kreditüberhang zu verringern, aber es war nicht möglich, die eingeschmuggelten deutschen Aufträge, die vielleicht bereits in die Produktionsplanung schweizerischer Kriegsmaterial-Lieferanten aufgenommen worden waren, einfach im ganzen wieder rückgängig zu machen. Es blieb ihr keine andere Wahl, als sich mit dem ihr aufoktroyierten Kreditüberhang abzufinden, ihn irgendwie in ihrem Finanzhaushalt unterzubringen und die verhandlungspolitische Notlage, in die sie geraten war, möglichst zu verschleiern.

Ferner war ihr aber auch dadurch, daß inzwischen die deutschen Schulden eine Milliarde überstiegen und folglich die Gewährung neuer Kredite nicht mehr verantwortet werden konnte, »die stärkste wirtschaftliche Verteidigungswaffe der Schweiz«, wie einer ihrer führenden Männer den Kredit apostrophiert hatte, stumpf geworden.

Nunmehr fand sich aber auch das Deutsche Reich, ähnlich wie die Schweiz, in einer durchaus ungewohnten Zwangslage, und zwar unabhängig davon, daß die militärische Niederlage von Stalingrad augenblicklich auch einen erheblichen politischen Prestigeverlust bedeutete. Die deutsche Verhandlungsdelegation konnte nun nicht umhin, offen einzugestehen, daß Deutschland gegen seine eigene, vertraglich beglaubigte Zusicherung aus dem Jahre 1941, den schweizerischen 850-Millionen-Kredit als unüberschreitbare Höchstgrenze anzuerkennen, grob verstoßen hatte.

Daraufhin war es ihr unmöglich, weiter auf der Gewährung neuer Kredite zu bestehen. Sie sah sich vielmehr gezwungen, auf schweizerische Kompromißvorschläge einzugehen, die darauf zugeschnitten waren, ungefähr die Hälfte der in letzter Zeit eingeschmuggelten und bereits in Ausführung begriffenen deutschen Rüstungsaufträge gelten zu lassen, und zwar im durchaus legitimen Interesse einer kontinuierlichen industriellen Produktion. Im übrigen mußte man sich nun auf deutscher Seite mit Not- und Ersatzlösungen behelfen, die für die Schweiz irgendwie annehmbar waren.

Zwar wurde wie eh und je am Verhandlungstisch fast unaufhörlich um jede Tonne Kohle und jede Kreditmillion heftig gerungen, aber das Klima war zweifellos ein anderes geworden. Die Deutschen versuchten nun, auf Nebenwegen ans Ziel zu kommen. So verfielen sie zum Beispiel auf die Idee, die für die Schweiz unentbehrlichen, von Deutschland plötzlich auf die Hälfte herabgesetzten Kohlenlieferungen mit einem sogenannten »Kohlenkredit« von 50 Schweizer Franken pro Tonne zu koppeln, der dann tatsächlich mit Hilfe eines schweizerischen Bankenkonsortiums aufgebracht wurde und bis Kriegsende rund 107 Millionen Schweizer Franken erreichte. Oder sie versuchten, um ein anderes Beispiel zu nennen, ihren Devisenbedarf wenigstens zu einem Teil dadurch zu decken, daß sie die Schweizer dazu überredeten, die Zinssätze für alte gestundete Kredite großzügig herabzusetzen.

Es gab aber noch ein anderes, ein neues und besonders ernstes Problem, das dem Deutschen Reich nun zu schaffen machte. Die deutsche Wirtschaft war, wie schon erwähnt, seit 1942 nicht mehr in der Lage, der Schweiz diejenigen Quantitäten an Kohlen, Mineralölen und anderen Rohstoffen zu liefern, die ihr vertraglich zugesichert worden waren. Da die Schweiz nun aber bei allen Abmachungen stets ausdrücklich den Grundsatz des »do ut des« hochgehalten und somit ihre Leistungen von gleichwertigen deutschen Gegenleistungen abhängig gemacht hatte, gab ihr der deutliche Zerfall der deutschen Lieferkapazität auch das Recht, ihre eigenen Kriegsmaterial-Lieferungen entsprechend einzuschränken.

Von diesem Recht machte die Schweiz Gebrauch. Sie bestand darauf und setzte es durch, daß die Ausfuhr von Kriegsmaterial nach Deutschland ab 1. Juli 1943 scharf gedrosselt und kontingentiert wurde.

Eine Woche zuvor war diese harte Maßnahme von der deutschen Verhandlungsdelegation mit deren Unterschrift unter ein provisorisches Wirtschaftsprotokoll in aller Form anerkannt und wohl nur schweren Herzens bestätigt worden. Gleichzeitig hatte sich das Deutsche Reich aber auch damit einverstanden erklärt, daß die Schweiz ihm keine weiteren Kredite mehr gewähren werde. Schließlich hatte es zudem auch die Verpflichtung übernommen, ihre Warenlieferungen an die Schweiz nicht einzuschränken.

Es tut nichts zur Sache, daß das erwähnte Wirtschaftsprotokoll ein »provisorisches« genannt wurde – es zählte zu den zahlreichen provisorischen Abmachungen, mit denen sich beide Parteien über den gefährlich lange andauernden vertragslosen Zustand immer wieder hinwegzuhelfen suchten. Der Weg, den die Dinge nahmen, war nun vorgezeichnet. Im September 1944 stellte die Schweiz ihre Kriegsmaterial-Lieferungen gänzlich ein.

Erwähnenswert ist, daß die Verhandlungen gerade zur kritischen Zeit die starke Hand des deutschen Gesandten Johannes Hemmen vermissen ließen. Hemmen war aus der von ihm geleiteten deutschen Wirtschaftsdelegation ausgeschieden. Es hieß, er sei schwer erkrankt. Er hat an den weiteren Verhandlungen nicht mehr teilgenommen.

Die deutsche Nachgiebigkeit löst noch heute unheimliche Gefühle aus. Aus der veränderten Weltlage allein war sie nicht zu erklären. Noch weniger konnte sich der stille Abgang Hemmens derart tiefgreifend ausgewirkt haben. Was also veranlaßte das Deutsche Reich, schweizerischen Maßnahmen zuzustimmen, die es bis dahin niemals zugelassen hätte? Warum verzichtete der immer noch in aller Welt gefürchtete deutsche Riese auf eine gewaltsame Intervention? Warum verwarf er sogar – nach einer peinlich genauen Prüfung der Sachlage – den Plan eines die Schweiz rettungslos isolierenden Wirtschaftskrieges?

Die Antwort auf diese Frage führt uns zum Kern unseres Themas zurück.

Erstens: In diesem kritischen Jahr 1943 importierte die Schweiz »deutsches« Gold im Wert von 588,9 Millionen Schweizer Franken. Das war die bisher bedeutendste Goldtransaktion zwischen dem Dritten Reich und der Schweiz überhaupt.

Zweitens: Darunter befanden sich unter anderem außer holländischem Gold auch die ersten gefälschten Goldbarren belgischer Herkunft, die erst seit Beginn des Jahres für solche Transaktionen in Berlin zur Verfügung standen.

Von diesem Gold erwarb die Schweizerische Nationalbank mehr als die Hälfte (62,5 Prozent) und bezahlte mit Schweizer Franken.

Drittens: Im Austausch gegen »deutsches« Gold flossen somit in den beiden kritischen Kriegsjahren 1942/43 beinahe 800 Millionen Schweizer Franken in die Kassen der Deutschen Reichsbank – fast 800 Millionen, die ohne weiteres, frei von zwangswirtschaftlicher Behinderung, für die Anschaffung von schweizerischem Kriegsmaterial oder von kriegswichtigen Rohstoffen aus anderen neutralen Ländern verwendet werden konnten. Der Erlös aus den Goldgeschäften mit der Schweiz wog die schweizerischen Kreditreduktionen bei weitem auf.

Die Bedeutung dieser Wendung, dieser Schwerpunktverlagerung, ist erst heute erkennbar. Die erforderliche zeitliche Distanz ist nun vorhanden, die Kriegsjahre und der Niederschlag, den sie in den endlich zugänglichen Archiven gefunden haben, liegen als ein Ganzes vor uns.

Auf eine kurze Formel gebracht, verschoben sich also im kritischen Jahr 1943 die maßgebenden Akzente: Gold trat an die Stelle der Kredite.

Das ist eine Einsicht, die aus den folgenden Zeilen spielend leicht gewonnen werden kann.

In den ersten zwei Kriegsjahren (1941/42) gewährt die Schweiz dem Deutschen Reich Kredite in Höhe von 850 Millionen Schweizer Franken. Das »Gold aus Deutschland« erreicht nicht einmal ein Viertel dieses Wertes.

Für die folgenden zwei Jahre (1942/43) gilt genau das Gegenteil: Gold für mehr als eine Milliarde gelangt von Deutschland in die Schweiz. Die neuen Kredite aber sinken auf weniger als ein Drittel der Goldimporte ab.

Im letzten Kriegsjahr (1944/45) vollendet sich diese gegenläufige Entwicklung. Nun wird kein Kredit mehr erteilt. Aber »deutsches« Gold – für rund 274 Millionen Schweizer Franken – findet auch jetzt noch den Weg nach Bern. Und weitere 210 Millionen Schweizer Franken fließen in die Kassen des Deutschen Reiches für Gold, das die Schweizerische Nationalbank noch in diesem letzten Kriegsjahr erwirbt.

War diese Entwicklung gewollt? Ist sie durch eine politische Entscheidung herbeigeführt worden? Entsprach sie, was die Schweiz betrifft, einer klar konzipierten Außenhandelspolitik? Oder handelte es sich um ein Ereignis, das zwar im Grunde einer eigenen inneren Logik gehorchte, sich schließlich aber nur deshalb verwirklichen konnte, weil es beiden Parteien gleichermaßen aus einer gefährlichen Situation heraushalf?

Jürgen Roth

Plädoyer für einen neuen Gesellschaftsvertrag

Um was geht es bei politischen und wirtschaftlichen Lösungen angesichts der sozialen Krise? Es geht heute darum, den sozialen und demokratischen Standard nicht ab-, sondern weiter auszubauen. Denn es steht wohl für jeden fest, daß bürgerliche Grundrechte nicht nur durch die politische Macht der Privilegierten begrenzt werden, sondern auch »durch wirtschaftliche Schwäche vieler, denen sie durch Gesetz und Verfassung versprochen werden«, so der liberale Soziologe Ralf Dahrendorf. Und Michael Schneider stellt in der Zeitschrift »Freitag« die Frage: »Wie können wir die Grundwerte der Demokratie noch verteidigen, wenn die Ökonomie dabei ist, die Demokratie aufzufressen?«

In ihrem Manifest »Solidarität am Standort Deutschland« warnen 135 Sozialwissenschaftler: »Mit der wachsenden gesellschaftlichen Spaltung besteht zunehmend die Gefahr, daß die Bundesrepublik ihren demokratischen Standard verliert und in ihrer zivilen Entwicklung blockiert wird.«

Derweil regt sich allenfalls Widerstand auf individueller Ebene. Religiöse und politische Sekten sprießen aus dem fruchtbaren Boden der gesellschaftlichen Unzufriedenheit. Entweder findet man das Heil der Welt irgendwo im Universum oder auf der Mutter Erde, bei der von Menschenhand geknüppelten Pflanzen- und Tierwelt. Jeder hat seine absolute Ausschließlichkeit für die Strategien der minimalen Lebensbewältigung gefunden. Das ehrt vielleicht das Subjekt, fördert jedoch nicht unbedingt eine politisch demokratische Alternative zu den gegebenen Zuständen. Das gilt auch für die zumindest in Europa erkennbaren rechtsextremen Heilsbringer. Vielleicht ist es nur eine Frage der Zeit, bis sie in Deutschland wieder nachhaltigen Erfolg mit ihren gefährlichen Heilsbotschaften einsammeln.

»Es ist doch eine Bankrotterklärung einer Gesellschaftsordnung, in der die Fähigkeit, immer größere Werte in immer kürzerer Zeit zu produzieren, nicht zu wachsendem gesellschaftlichen Reichtum und der Entfaltung menschlicher Persönlichkeit, sondern zu massenhafter Arbeitslosigkeit, menschlicher Entwurzelung und sich ausdehnender Armut führt«, schreiben kritische Wirtschaftswissenschaftler vom Verein Sozialökologische Wirtschaftsforschung in München. Nicht nur ihnen ist klar, daß das neoliberalistische System für keines der sozialen und ökologischen Probleme einen Lösungsansatz bietet. Es muß also ersetzt werden. Der Markt müsse demnach sozial und politisch reguliert werden, um die Entwertung von Arbeit und Natur zu verhindern. »Dazu gehört zum Beispiel die Kontrolle der wirtschaftlichen Macht der Banken und des international vagabundierenden unproduktiven Geldkapitals. Eine Umsatzsteuer auf die größtenteils spekulativen Geld- und Finanztransfers an den Finanzmärkten würde Milliarden in die Staatskassen schwemmen und zudem die Spekulation wirksam eindämmen.«

Derartig Ungebührliches zu fordern kann in München übrigens schnell das Finanzamt auf den Plan rufen. Das sah sich bemüßigt, im Oktober 1995 dem Verein der kritischen Wirtschaftswissenschaftler die Gemeinnützigkeit abzuerkennen. Der Grund: Die Ausarbeitung und Verbreitung antikapitalistischer Wirtschaftsanalysen stellten eine Beeinflussung der politischen Meinung dar. »Die Förderung politischer Zwecke gehört jedoch nicht zu den gemeinnützigen Zwecken, und der Verein kann deshalb auch nicht als gemeinnützig anerkannt werden.«

Was hat der Verein gefordert? Jede soziale und ökonomische Reformpolitik muß scheitern, wenn sie sich nicht eine demokratische Kontrolle des Finanzkapitals (Banken, Versicherungen, Investmentfonds) zum Ziel setzt und letztlich auch durchficht. »Wenn sie [die Reformpolitik] nicht eine weitere Akkumulation von Geldkapital in den Händen weniger stoppt und durch massive Besteuerung des Top-Segments der Geldvermögensbesitzer (jene 10 Prozent, die über mehr als die Hälfte des Geldvermögens herrschen) eine Umverteilung von oben nach unten durchsetzt«, scheitert jede Reformpolitik. Aber nur dadurch ist zu erreichen, daß Geld für private und öffentliche Nachfrage mobilisiert wird. »Nur dadurch ist zu verhindern, daß immer größere Eigentumsansprüche der Geldkapitalisten auf das künftige Sozialprodukt Platz greifen und die güterwirtschaftliche Produktion immer mehr ersticken.« (lsw-sozial-ökologische Wirtschaftsforschung München e. V.)

Diese Einsicht deckt sich mit der vieler kritischer Gewerkschafter und Politiker, ob von den Grünen oder der SPD. In der Frankfurter Erklärung gegen kriminelles Wirtschaften, die von Gewerkschaftern, wie dem DGB Hessen, Wirtschaftswissenschaftlern und Kriminologen Ende Oktober 1996 veröffentlicht wurde, heißt es: »Im Gegensatz zur herrschenden Politik neoliberaler Deregulierung, die das Kapital von allen gesellschaftlichen Zwängen zur sozialen, ökologischen und demokratischen Rücksichtnahme entbinden soll, ist die Regulierung ökonomischer Prozesse notwendig. Umgehend könnte beispielsweise die Gewerbeaufsicht genauso verbessert werden wie die Betriebs- und Steuerprüfung. Notwendig ist vor allem die Demokratisierung der Betriebe und die Ausweitung der überbetrieblichen Mitbestimmung, an der neben Gewerkschaftsvertretern auch Repräsentanten der lokalen Behörden und Vertreter von Bürgerinitiativen beteiligt sind. Dadurch wird die Wahrscheinlichkeit erhöht, daß Unternehmen den Bruch von Gesetzen nicht mehr bei ihren Investitionsentscheidungen einkalkulieren können.«

Darüber hinaus wird gefordert, daß mehr Möglichkeiten demokratischer Einflußnahme der Gesellschaft auf Unternehmensentscheidungen mit dem Ziel betrieben werden, daß die Kapitalanlage und Kapitalverwertung in gesellschaftlich nützlichen, sozial und ökonomisch verantwortbaren Bereichen stattfindet.

Der Ausweg kann nur in einer Konzentration der ökonomischen Kräfte auf soziale und ökologische Ziele liegen. Das gilt auch für die Bewertung von Sozialleistungen. »Sie dürfen im öffentlichen Bewußtsein nicht länger die Rolle des schädlichen Kostenverursachers spielen«, meint Charles Pauli, »sondern müssen als wesentlicher Bestandteil einer zukunftsorientierten Gesellschaft und eines zukunftsorientierten Dienstleistungssektors verstanden werden.« Was hinter allen diesen Forderungen steht, die bislang keine politische Mehrheit gefunden haben, ist die Notwendigkeit, mit der Logik vom »Weltmarkt« zu brechen und sich dem marktfundamentalistischen Dogma entgegenzustellen, nämlich der Demontage des Sozialstaats.

Das »Diktat des Weltmarkts« droht zur technokratischen Diktatur über die Menschen zu führen. Ein führender Manager eines bedeutenden deutschen Elektrokonzerns brachte es auf einer Betriebsversammlung einmal so zum Ausdruck: »Was wir uns an Arbeitszeit, an Löhnen, an Sozialleistungen noch leisten können, das entscheidet der Weltmarkt.« Das heißt, das Recht auf menschenwürdige Existenz, auf soziale Sicherheit, Menschenwürde, das Recht auf Frieden und intakte Umwelt wird bewußtem menschlichem Handeln entzogen und dem Spiel des Weltmarktes überlassen. Diese Logik bedeutet die totale Unterordnung der menschlichen Gesellschaft unter die Marktlogik. Was da auf der Bühne des vielgepriesenen Weltmarktes verklärt aufgeführt wird, beruht in Wahrheit auf dem bewußten Handeln wirtschaftlicher Mächte und resultiert aus den Macht- und Profitinteressen der multinationalen Unternehmenseinheiten. Die Akkumulation des Kapitals, das Wachsen und Gedeihen multinationaler Konzerne hat anscheinend Vorrang vor dem sozialen und kulturellen Überleben der Menschen und der Natur. »Unter dem Deckmantel der Freiheit des Marktes vollzieht sich eine noch nie dagewesene Konzentration von Kapital, Technologie und Machtkontrolle«, heißt es in einem Positionspapier der katholischen Friedensbewegung Pax Christi. Die Folgerung: Gerechtigkeit kann nicht dem Markt überlassen werden, sondern muß politisch erkämpft und durchgesetzt werden. »Gefordert sind andere politische und wirtschaftliche Weichenstellungen sowie nationale und internationale Regelungen, nach denen wirtschaftliche Macht demokratisch kontrolliert und begrenzt werden kann.«

National ist das kaum lösbar, obwohl entsprechende politische Impulse auch von Deutschland ausgehen könnten. Europa könnte dabei aber ein Gegengewicht zur Globalisierung bilden, mit dem Vorbild der Sozialstandards, die nicht abgebaut, sondern weiter aufgebaut und gesichert werden. Warum keine entsprechende europäische Sozialcharta, die die Rahmenbedingungen des Kapitals kontrolliert und die sozialen Netze weiter ausbaut, die sich nicht an dem amerikanischen Modell orientiert? Bekanntlich ist es häufig nur eine Ausrede, daß man sich der Globalisierung ohnmächtig ergeben muß, weil man den Sozialstaat als negativen Standortfaktor annimmt, wobei genau das Gegenteil der Fall ist.

Dabei spielen in Zukunft die Gewerkschaften eine bedeutende Rolle. Auf sie als eine der wenigen übriggebliebenen Solidargemeinschaften kommen wesentliche Aufgaben zu, die über die Tarifpolitik und Absicherung der Rechte der Arbeitnehmer hinausgehen. Die Gewerkschaft braucht, fordert Oscar Negt, ein zweites Standbein. »Denn ein wachsender Teil von Interessen und Erwartungen, die mit Gewerkschaften verknüpft sind, sind mittlerweile außerbetrieblichen Ursprungs: Erwartungen an das Schul- und Erziehungssystem, die zentrale Lebenszusammenhänge betreffen, Probleme der sozialen Solidarität, Lösungsvorschläge für ökologische Fragen und schließlich die Situation der Bürger- und Menschenrechte.« Von den mehr oder minder globalen Barrieren gegen das Diktat der Globalisierung mit seinen verheerenden Folgen für die Menschen abgesehen, gibt es demnach auch innerhalb des derzeitigen politischen Systems Möglichkeiten der Veränderung im Sinne der Mehrzahl der Bevölkerung.

»Es geht darum, den Entwurf einer neuen Wirtschaftsordnung zu formulieren und diesen gegen den Widerstand derjenigen, die am heutigen System ohne Rücksicht auf Verluste satt verdienen, politisch voranzubringen und gesetzlich umzusetzen«, fordert der Bremer Wirtschaftswissenschaftler Klaus Haefner. Er bezieht sich unter anderem auf den Artikel 14 des Grundgesetzes, wonach Eigentum verpflichtet. »Dieses Ziel muß dazu führen, daß das reichlich vorhandene Sach- und Geldvermögen, von dem sich heute ein großer Teil in der Hand weniger befindet, im Rahmen einer Neuen Wirtschaftsordnung einen deutlichen Beitrag für das Gemeinwohl aller liefert. Das bedeutet für die Neue Wirtschaftsordnung explizit eine Abkehr von einem nur an Kapitalrendite und Kapitalakkumulation orientierten Spätkapitalismus.«

Es sind viele Schritte, die zu gehen wären, wenn sie denn politisch gewollt wären. Das gilt auch für folgenden Vorschlag: »Um in Deutschland in dieser Zeit ausreichend Arbeitsplätze zu schaffen, müssen die privaten und öffentlichen Investitionen zunehmen«, fordert Hans Matthöfer. »Amerikanische und andere Untersuchungen zeigen nämlich eine eindeutig positive Beziehung zwischen öffentlichen und privaten Investitionen. Es ist falsch, in einer wirtschaftlichen Lage, in der durch die vorhergehende Umverteilung von unten nach oben die Nachfrage, die Beschäftigung und damit das Steueraufkommen sinken, in den öffentlichen Haushalten die Ausgaben für Investitionen zu kürzen.«

Die Verminderung der öffentlichen Investitionen ist nach der Umverteilung von unten nach oben der zweite wichtige Grund für die wirtschaftlichen und sozialen Probleme nicht nur in Deutschland. Selbstverständlich ist es leichter, bei den Investitionen in der öffentlichen Infrastruktur (Bildungs- und Forschungsaufgaben, Innovations- und Technikförderung, berufliche Aus-, Fort- und Weiterbildung, Wohnungs- und Städtebau, Schulen, Jugendzentren, im Gesundheitswesen, bei öffentlichen Verkehrsmitteln, Kindergärten, Altenheimen) zu sparen, weil die nachteiligen Auswirkungen einer solchen Politik nicht sofort, sondern nur sehr langsam und mit starker Verzögerung erkennbar werden. Es ist deshalb leichter, weil die alternativen Konzepte derzeit politisch nicht durchzusetzen sind.

Außerdem könnten für Millionen ausgegrenzter Menschen Selbsthilfe und Kooperation notwendig fürs Überleben werden. Da gibt es zunehmend Ideen, vom Car-sharing bis zum Tauschhandel, Genossenschaftsbanken, die traditionellen Formen genossenschaftlichen Wirtschaftens, Konsumgenossenschaften, Wohnungsgenossenschaften und andere Formen genossenschaftlicher Produktionsgesellschaften, bis hin zu neuen Modellen für das Bankwesen. Alles setzt natürlich die Gemeinschaftsfähigkeit der Menschen voraus – und diese Fähigkeit ist vielen ausgetrieben worden. Konkurrenzneid, Machtgelüste, Egoismus – sie haben die Wirtschafts- und Lebensordnung geprägt, und das ist nicht ohne Folgen für die Individuen geblieben.

Es ist ein Weg, genau wie der, eine Vernetzung der kritischen Bewegungen mit ihren alternativ-gesellschaftlichen Ansätzen anzupeilen.

Es entwickeln sich innerhalb des derzeitigen politisch gewählten Systems eine Vielzahl von einzelnen Lösungsmöglichkeiten. Doch noch werden sie allenfalls in kleinen politischen Zirkeln diskutiert, ohne daß sie offensiv politisch plakatiert werden. Dabei geht es um die Zukunft des Sozialstaates. »Es geht um die Entscheidung, welches gesellschaftliche Leitbild Anerkennung und Mehrheiten findet. Im Grundsatz stellt sich die Alternative zwischen dem liberalen Konkurrenzmodell und seinem Prinzip der

Durchökonomisierung aller Lebensbereiche und dem Modell einer Gesellschaft, die an der Idee von Chancengleichheit, sozialer Gerechtigkeit und sozialem Ausgleich festhält. Diese Alternativen im Hinblick auf die Zukunftsgestaltung in der politischen Argumentation zuzuspitzen und das Leitbild einer solidarischen Gesellschaft offensiv zu vertreten und inhaltlich für den Sozialstaat und seine Gestaltungs- und Entwicklungsmöglichkeiten und seine positiven Rückwirkungen auf die ökonomischen und politischen Grundlagen der Gesellschaft zu überzeugen, bleibt die wichtigste, aber auch schwierigste Aufgabe einer auf die Gesellschaftsgestaltung orientierten Sozialpolitik.« (Prof. Gerhard Bäcker: Der Sozialstaat. Überforderung der öffentlichen Finanzen und Negativfaktor im Standortwettbewerb. 5. ISW-Forum, 22. Februar 1996 in München)

Dem ist nichts hinzuzufügen. Die Zukunft wird zeigen, ob genügend Widerstand gegen den weiteren Abbau des Sozialstaates und damit der Demokratie zu mobilisieren ist.

Kurt Sontheimer/Wilhelm Bleek

Die Konstituierung der Bundesrepublik

Die Deutschen aus den Westzonen hielten den ihnen von den Militärgouverneuren gesetzten Termin ein. Am 1. September 1948 trat in Bonn der Parlamentarische Rat zu seiner ersten Sitzung zusammen, um das sogenannte Grundgesetz zu beraten. Die Grundlinien der Verfassung waren von den Alliierten vorgegeben: Sie sollte demokratisch und föderalistisch sein und die Grundrechte sichern. Im übrigen wurde den deutschen Politikern weitgehend freie Hand gelassen.

Aus den Landtagen der Länder waren insgesamt 65 Parlamentarier in die verfassunggebende Versammlung gewählt worden, unter denen die Juristen dominierten. Die beiden großen Parteien, CDU/CSU und SPD, zählten je 27 Abgeordnete, der Rest verteilte sich auf die kleineren Parteien. Die Versammlung wählte Konrad Adenauer, den Vorsitzenden der CDU in der britischen Zone, zu ihrem Präsidenten (auch weil man meinte, durch die Wahl eines älteren Politikers die Besetzung der Spitzenämter der zu gründenden Bundesrepublik nicht zu präjudizieren). Doch Adenauer nutzte seine Position geschickt aus, indem er sich zum Sprecher der Versammlung gegenüber den Alliierten machte und damit in der Übergangsphase als der führende Repräsentant des zu schaffenden Staates erschien.

Dem Rat lag ein Verfassungsentwurf vor, den eine von den westdeutschen Ministerpräsidenten bestellte Expertengruppe im August 1948 auf Schloß Herrenchiemsee in Bayern ausgearbeitet hatte. Dazu kamen andere Entwürfe geringerer Bedeutung. Die Beratungen gingen relativ zügig voran, da über die Grundprinzipien der Verfassungsordnung – schon wegen der alliierten Auflagen – keine Meinungsverschiedenheiten bestanden und die Verfassungsgeber trotz aller Vorbehalte hinsichtlich der Endgültigkeit der Verfassung an der Schaffung des Grundgesetzes ernsthaft interessiert waren. Gerade die Tatsache, daß man sich vornahm, nur ein Provisorium zu schaffen, ließ die Meinungsverschiedenheiten nicht so grundsätzlich werden.

Die eigentliche Streitfrage innerhalb des Parlamentarischen Rates betraf die zu schaffende föderalistische Ordnung – damit zusammenhängend kam es zweimal zu Interventionen der Besatzungsmächte. Hinsichtlich des Föderalismus fand man einen Kompromiß zwischen einer von der SPD vertretenen stärker zentralistisch orientierten Konstruktion des Bundes und der von süddeutschen CDU/CSU-Mitgliedern propagierten Bundesstaatsform, die als eine Art Dach über der Eigenstaatlichkeit der Länder fungieren sollte.

Die Interventionen der Besatzungsmächte erfolgten in der Form von zwei dezidierten Aufforderungen an den Parlamentarischen Rat, man möge bei der Behandlung bestimmter Verfassungsfragen doch die alliierten Anregungen, meint Anweisungen, beachten, andernfalls sei die Zustimmung zum Grundgesetz nicht gesichert. Dadurch wurde den deutschen Verfassungsgebern immer wieder zu Bewußtsein gebracht, daß sie ihre Funktion nicht kraft eigener Souveränität ausübten, sondern unter der Oberhoheit der Besatzungsmächte, die das Grundgesetz am Ende auch genehmigen mußten. Es handelte sich also um eine überwachte Verfassungsgebung, bei der gewisse Richtlinien einzuhalten waren.

Was die Organisation des neuen Staates anging, so wollten die deutschen Politiker ganz bewußt die Fehler der Weimarer Republik vermeiden. Bis heute ist das Scheitern der Weimarer Demokratie und die Machtergreifung der nationalsozialistischen Diktatur ein Trauma der deutschen Politik und wird mit dem Buchtitel des Schweizer Publizisten Fritz René Allemann immer wieder beschworen: »Bonn ist nicht Weimar«. Die Strukturmängel der Weimarer Reichsverfassung erblickte man vor allem in der zu großen Machtstellung des Reichspräsidenten, in der Leichtigkeit, mit der die Reichsregierung gestürzt werden konnte, und in den Formen der plebiszitären Willensbildung.

Infolgedessen wurde das Grundgesetz eine reine Repräsentativverfassung, in der das Volk die Souveränität nur indirekt durch die Teilnahme an Wahlen ausüben kann. Der Bundespräsident wurde im Gegensatz zum Reichspräsidenten nur mit geringen Machtbefugnissen ausgestattet; statt dessen stärkte man die Position des Bundeskanzlers als Regierungschef, der von der Parlamentsmehrheit gewählt werden muß und mittels seiner Richtlinien-Kompetenz die übrigen Regierungsmitglieder fest an seine Politik bindet. Einen Sturz der Regierung sollte es nicht mehr geben können, nur einen Wechsel des Regierungschefs, da der Kanzler nur abgewählt werden kann, wenn sich im Parlament gleichzeitig eine Mehrheit für einen neuen Bundeskanzler findet.

Ferner war man bestrebt, nach dem nationalsozialistischen Unrechtsregime eine Verfassung mit starken individuellen Rechtsgarantien und einem ausgeprägten Verfassungsschutz zu schaffen. Die Grundrechte wurden bewußt an den Anfang des Grundgesetzes gestellt, außerdem wurden die Voraussetzungen für eine umfassende richterliche Kontrolle auch des staatlichen Handelns geschaffen. Die Bundesrepublik Deutschland hat darum eine besonders stark ausgebaute Verfassungsgerichtsbarkeit.

Schließlich ging es den Verfassungsgebern darum, die Verfassung und die von ihr umschriebene freiheitliche demokratische Grundordnung vor möglichen Feinden zu schützen. Auch diese Konzeption der streitbaren oder wehrhaften Demokratie war eine Lehre aus der Weimarer Zeit. Die Grundprinzipien der Verfassung, nämlich Demokratie, Föderalismus, Republik und sozialer Rechtsstaat, sind von jeder Verfassungsänderung ausgenommen.

An der Ausarbeitung der Verfassung hat die mit existentiellen Sorgen und dem wirtschaftlichen Wiederaufbau beschäftigte westdeutsche Bevölkerung nur geringen Anteil genommen. Doch innerhalb des Parlamentarischen Rates und durch den Druck von außen haben die wichtigsten sozialen Gruppen und Interessen auf die Beratungen Einfluß zu nehmen versucht und deutliche Spuren hinterlassen. Sie waren bestrebt, für sich selbst innerhalb der neuen politischen Struktur Westdeutschlands ein Höchstmaß an Autonomie und Einfluß zu erlangen.

Das Grundgesetz ist dadurch zu einer Verfassung geworden, an der man die Wirksamkeit der Interessenpolitik der wichtigsten gesellschaftlichen Gruppen sehr gut ablesen kann. Die stärkste Interessengruppe bildeten die föderalistisch orientierten Politiker der Länder und die hinter ihnen stehende Bürokratie, die zudem noch das Interesse der Besatzungsmächte für sich nutzen konnten. Die starke föderalistische Ausprägung der Verfassung, in der die

Kompetenzvermutung für die legislative Zuständigkeit grundsätzlich bei den Ländern liegt, geht auf ihr Konto.

An zweiter Stelle ist der Einfluß der Beamten und Richter zu nennen. Die Beamten erwirkten, daß das Berufsbeamtentum als eine verfassungsmäßig geschützte Institution garantiert wird. Damit wurde – dank der Übernahme der Prinzipien, die das deutsche Beamtenkorps in langer Tradition entwickelt hatte – die Einführung neuer Ideen und Strukturen in der öffentlichen Verwaltung erschwert. Es gelang ihnen, auch im Grundgesetz die Respektierung der, wie es hieß, »hergebrachten Grundsätze des Berufsbeamtentums« durchzusetzen. Entscheidend für den gesamten Komplex der Restauration des Beamtentums waren die Regelungen, die aufgrund des Art. 131 GG getroffen wurden. In Durchführung dieses Artikels der Verfassung sind nach 1949 die meisten Angehörigen des öffentlichen Dienstes der Zeit vor 1945 wieder in öffentliche Ämter übernommen worden. Eine durchgreifende personelle Erneuerung der Beamten- und Richterschaft hat in Westdeutschland nicht stattgefunden.

Auch die christlichen Kirchen vermochten im Parlamentarischen Rat ihren Einfluß geltend zu machen. Sie erreichten, daß ihnen der besondere staatliche Schutz zugesichert wird und sie dennoch vom Staate unabhängig bleiben. Auch auf die Formulierung der Grundrechte nahmen sie Einfluß, insbesondere hinsichtlich des Bereichs von Ehe und Familie.

Am interessantesten und folgereichsten ist die Frage, warum es der damals schon relativ mächtigen Organisation der westdeutschen Gewerkschaften nicht gelang, ihre Vorstellungen von einer modernen Industriegesellschaft wirksamer im Grundgesetz zu verankern. Das Grundgesetz schweigt sich über die Grundlinien der Wirtschafts- und Sozialordnung weitgehend aus. Zwar enthält der Grundrechteteil den Hinweis, das private Eigentum solle dem Wohle der Allgemeinheit dienen (Art. 14), und Art. 15 sieht die mögliche Sozialisierung von Grund und Boden, Naturschätzen und Produktionsmitteln vor. Doch abgesehen von diesen vagen bzw. Kann-Bestimmungen enthält das Grundgesetz keine konkreten Normen für die Ausgestaltung der Wirtschaftsverfassung.

Die Gewerkschaften hatten weitergehende Konzeptionen. Sie wollten u. a. das Streikrecht verfassungsrechtlich verankert wissen.

Aber sie machten den Fehler, die Wahrung ihrer Interessen ganz den ihnen nahestehenden Vertretern in der SPD und dem linken Flügel der CDU zu überlassen und nicht durch eigenen direkten Druck auf die Ausgestaltung der Verfassung Einfluß zu nehmen. Die Politiker wiederum, besonders in der SPD, sahen im Grundgesetz vor allem ein Organisationsstatut und glaubten, die konkrete Ausgestaltung der Wirtschafts- und Sozialverfassung sei der Entwicklung zu überlassen. Tatsächlich ist das Grundgesetz in bezug auf die Wirtschaftsordnung neutral: Sie kann in einem mehr sozialistischen wie auch in einem mehr kapitalistisch-liberalen Sinne ausgefüllt werden. Als das Grundgesetz dann in Kraft trat und die erste Bundesregierung gebildet worden war, waren die Würfel bereits eindeutig zugunsten einer freien Marktwirtschaft mit relativer Begünstigung der Unternehmer gefallen.

Durch den Umstand, daß die bundesdeutsche Verfassung sich ganz wesentlich auf die Fragen der Organisation der *Staatsgewalt* konzentriert, enthält sie in der Tat neben den Grundrechten nur einen geringen Bestand an verbindlichen Normen für die inhaltliche Ausgestaltung des demokratischen Staates. Diese Ausgestaltung blieb darum fast völlig den politischen Kräften überlassen, die im neuen Staat die Macht übernahmen. Diejenigen, die aufgrund der Anfälligkeit Deutschlands für den Faschismus den Schluß gezogen hatten, es sei auch eine Änderung der sozial-ökonomischen Bedingungen der neuen deutschen Demokratie einzuleiten, drangen mit ihren Ideen nicht durch. Der Grund dafür war, daß zwischen der massiven Veränderung der sozial-ökonomischen Verhältnisse in der sowjetisch besetzten Zone (SBZ), die auf alle Deutschen, außer die Kommunisten, höchst abschreckend wirkte, und der demokratisch verbrämten Restauration des Kapitalismus eine klare mittlere Linie in den wirren Verhältnissen der Nachkriegszeit nicht leicht zu einem Verfassungsprogramm zu formulieren war. Da sowohl die CDU wie die SPD glaubte, daß jeweils ihr ein maßgeblicher Anteil an der realen Gestaltung des neuen Deutschland zufallen werde, ließ man die Fragen der Wirtschafts- und Gesellschaftsordnung in der Verfassung einfach offen. So erhielt die weitere Entwicklung der sozialen und ökonomischen Verhältnisse in Westdeutschland das entscheidende Gewicht für die Entwicklung der Bundesrepublik, wie sie sich heute darstellt.

Die Beratungen des Grundgesetzes haben nur etwas über ein halbes Jahr in Anspruch genommen. Ohne den erbitterten Streit um die Finanzverfassung – der damit endete, daß hinsichtlich der Finanzen weder die Länder vom Bund, wie in der Weimarer Republik, noch umgekehrt der Bund von den Ländern, wie im Kaiserreich, abhängig wurden – wäre man schneller zum Ende gekommen. Am 8. Mai 1949, genau vier Jahre nach der deutschen Kapitulation, wurde das Grundgesetz vom Parlamentarischen Rat mit 53 zu 12 Stimmen angenommen. Wenige Tage später übermittelten die (west)alliierten Militärgouverneure den Ministerpräsidenten der deutschen Länder ihre Zustimmung zur Verfassung. Die Länderparlamente nahmen in der darauffolgenden Woche das Grundgesetz an; allein Bayern, dessen Mehrheit im Landtag zu München die föderalistischen Interessen für nicht genügend berücksichtigt erachtete, lehnte die Zustimmung zum Grundgesetz ab, verpflichtete sich jedoch zu seiner Anerkennung. Am 23. Mai 1949 wurde das Grundgesetz offiziell verkündet.

Nach Verabschiedung des Wahlgesetzes und nach den am 14. August abgehaltenen Wahlen zum ersten Deutschen Bundestag konstituierte sich das neue deutsche Parlament am 7. September 1949. Es wählte zuerst den Liberalen Theodor Heuss zum Bundespräsidenten, dann Konrad Adenauer zum ersten Bundeskanzler. Adenauers Politik und die politische Vorherrschaft der Christlichen Demokraten haben die Bundesrepublik fast zwanzig Jahre lang geprägt.

Der Parlamentarische Rat fällte nach Verabschiedung des Grundgesetzes noch eine folgenschwere Entscheidung. Er entschied sich für Bonn als Bundeshauptstadt, nicht für Frankfurt am Main. Adenauer, der in der Nähe Bonns wohnte, favorisierte aus persönlichen Gründen die Provinzstadt am Rhein, wäre damit aber nicht durchgedrungen, hätte nicht die Vorstellung vom staatlichen Provisorium sich auch auf die Frage der zu wählenden Hauptstadt ausgewirkt. Bonn schien für ein Provisorium gerade richtig.

In den vier Jahrzehnten bis 1989 war Bonn am Rhein eine eher ungeliebte Hauptstadt. Die Regierenden, die Parlamentarier und die Bürokraten waren nicht in das gesellschaftliche und kulturelle Leben einer Metropole integriert, sondern lebten und agierten wie auf einer Insel in einem Mikrokosmos; das politische Leben in Bonn hatte darum einen gewissen Inzuchtcharakter an sich. Dem offiziellen Anspruch, daß Bonn nur die provisorische Hauptstadt sei und nach einer Wiedervereinigung Berlin erneut an seine Stelle treten würde, wurde nicht nur in Reden und Proklamationen, sondern jahrzehntelang auch in Architektur und Städtebau entsprochen.

Doch gerade als man der Permanenz der Bonner Republik durch den Neubau von Regierungsgebäuden und vor allem des Deutschen Bundestages am Rhein Rechnung trug, eröffnete der Zusammenbruch der DDR Ende der 80er Jahre die Chance zur deutschen Vereinigung. Es folgte eine heftige Debatte um die Hauptstadt des geeinten Deutschland. Dieselben politischen und intellektuellen Kreise, die zuvor in Bonn die Verkörperung der von ihnen kritisierten kleinkarierten Entwicklung der Bundesrepublik gesehen hatten, plädierten jetzt für die Beibehaltung der rheinischen Hauptstadt als eines internationalen Symbols deutscher Bescheidenheit und innenpolitischem Ausdruck föderalistischer Vielfalt. Im Einigungsvertrag vom August 1990 wurde zwar auf Drängen der Ostdeutschen der nominelle Titel Berlins als deutsche Hauptstadt bestätigt, die Entscheidung über den Sitz des Parlaments und der Regierung der vereinigten Bundesrepublik jedoch zunächst aufgeschoben. Nur mit einer sehr knappen Mehrheit hat sich der Bundestag im Juni 1991 für Berlin als seinen Sitz und damit auch als Sitz der Bundesregierung entschieden. Im September 1996 hat auch der Bundesrat, gegen den Widerstand Nordrhein-Westfalens, seinen Umzug nach Berlin beschlossen. Doch auch nach dieser Grundsatzentscheidung flammte die Debatte um ihre bis zum Jahr 2000 geplante Verwirklichung wegen der Kosten des Umzugs in Zeiten knapper öffentlicher Mittel, aber auch infolge emotionaler Vorbehalte gegen Berlin wegen seiner östlichen Lage im vereinten Deutschland und der von ihm angeblich verkörperten fragwürdigen Traditionen deutscher Politik immer wieder auf. Das Festhalten an Bonn, aber auch die Kontinuität der bundesrepublikanischen Ordnung insgesamt belegen die Weisheit des Wortes von Talleyrand, daß nichts so dauerhaft ist wie ein Provisorium.

III. GRUNDERFAHRUNGEN – FESSELN UND AUSWEGE

Norbert Bischof
Ablösung und Rückbindung

Wenn wir künftige Bedürfnisse zum Motor gegenwärtigen Handelns machen und dafür unsere spontanen Wünsche hintanstellen können, wie sicher sind wir dann eigentlich, daß die Ziele, denen zuliebe wir auf sofortige Triebbefriedigung verzichten, wenigstens unsere *eigenen* sind? Könnten sich nicht bei einer so labilen Konstruktion leicht auch *fremde* Interessen parasitierend in die Warteschleife abzuarbeitender eigener Pläne drängen? Wir stoßen hier auf eine psychologische Interpretation des ursprünglich soziologischen Begriffs der *Entfremdung.* Entfremdung bedeutet, daß wir etwas tun, was uns abverlangt, spontane eigene Wünsche zu unterdrücken, was dabei aber nicht wenigstens dem künftigen eigenen Wohl, sondern fremden Interessen dient. Das ist etwas ganz anderes als *Empathie*; die hilft zwar auch dem anderen, aber sie regt sich spontan, primärprozeßhaft, und es schafft Erleichterung, ihr nachzugeben. Auch mit moralisch reflektiertem *Altruismus* hätte es nichts zu tun, weil dieser sich seiner Fremddienlichkeit bewußt bleibt. Es geht vielmehr darum, daß fremde Interessen sich unerkannt aufdrängen und die eigenen Wünsche ersticken oder aus dem Nest werfen wie ein Kuckucksjunges seine Stiefgeschwister.

Möglichkeiten dieser Art belehren uns, daß die Kategorie der permanenten Identität nicht nur die objektiven Bausteine unseres Weltgerüstes härtet, sondern auch uns selbst ergreift. Wir müssen uns auch mit dem vorweggenommenen Subjekt unserer eigenen künftigen Bedürfnislagen identifizieren, weil es andernfalls gar nicht möglich wäre, uns dessen Ziele jetzt schon zu eigen zu machen.

Permanente Identität ist also ein Stichwort, das auch und gerade unsere *Selbsterfahrung* angeht. Das Ich, so haben wir das ausgedrückt, wird »exzentrisch« in bezug auf die Zeitachse. Es lebt nicht mehr nur im Jetzt, sondern bewegt sich in einer schwebenden Balance einander relativierender Zeitperspektiven. Es ist selbst zur »Tatsache« geworden, deren Trajektorie in die Zukunft ausgreift und sich dort verzweifelt oder gläubig über die Schranke des Todes hinaus in die Ewigkeit zu dehnen sucht und die umgekehrt auch in die Vergangenheit zurücklotet und dort nach Urgestein sucht, das stark genug ist, um die Selbstgewißheit bis in die Gegenwart und über diese hinaus zu tragen.

Was aber haben wir uns unter diesem historischen Fundament vorzustellen? Zunächst einmal sind es die Niederschläge früherer Ich-Zustände, die in der Lebensgeschichte gewonnene Erfahrung mit sich selbst. Deren Spuren reichen bis in die Zeit, in der es noch keine seelischen Grenzen gab. Wie das Wurzelwerk eines Baumes nach unten hin weit und offen wird und sich auflöst in einen osmotischen Schleier, so verliert sich der tragende Pfeiler der eigenen Identität in einem Urgrund, in dem das Ich noch keine Konturen hatte und mit seiner vertrauten Umwelt eins war.

Die permanente Lebenslinie der eigenen Existenz besteht also nicht nur aus autochthonem Material. Bevor das Ich Figur werden konnte, hat es sich symbiotisch aus der Du-Erfahrung mitgenährt. Und später wurden immer wieder Brücken der synchronen Identifikation zu anderen geschlagen. Vertraute oder vorbildhafte Personen, Eltern und Geschwister, der frühe Freundeskreis, der Clan, die Heimat, alles, was meinen Namen trägt, was meine Sprache spricht, die Gesamtheit meiner Schicksalsgemeinschaften, Interessengruppen und Wahlverwandtschaften – in all dem habe ich mich im Laufe des Lebens gespiegelt, und nun ist es in abgestufter Unwiderruflichkeit in meine Trajektorie eingewachsen.

Die Psychoanalyse verwendet in diesem Zusammenhang nach einem Vorschlag Ferenczis den Fachausdruck *Introjektion*. Klar definiert wird dieser zwar nirgends, aber man liegt doch nicht weit daneben, wenn man ihn als Einbettung von sozialen Objekten in die eigene Identität versteht.

Diese Überlegungen führen uns noch einmal zu einer weiter vorne begonnenen Diskussion zurück. Wir haben dort das Konstrukt des *Urvertrauens* erörtert und dieses als das Resultat guter, geborgenheitsstiftender Kindheitserfahrungen verstanden. Diejenigen, die uns diese Erfahrungen vermittelt haben, bieten sich nun aber auch am ehesten für eine Introjektion in die eigene Identität an. Indem ich mich mit ihnen eins fühle, partizipiere ich an der Heilsgewißheit, die sie verkörpern. Daran wäre nichts auszusetzen, ja, man könnte es sogar einen erbaulichen Gedanken nennen, wäre da nicht jener Vorgang, den wir schon erörtert haben: In der Adoleszenz macht sich der hormonal aufgeputschte Autonomieanspruch so breit, daß er Repräsentanten der Nestwärme nicht mehr toleriert.

Im Tierreich trennen sich die Subadulten unter dem Einfluß dieser Dynamik in aller Regel dauerhaft von der Familie. Beim jungen Menschen aber sind die Repräsentanten der frühkindlichen Geborgenheit, wenn er sich von ihnen ablösen soll, längst in seine Identität eingegangen. Für ihn steht also sein ganzes bisheriges Selbstverständnis zur Disposition. Er wird gewahr, wie unreflektiert er die Dinge bisher ausschließlich aus der Perspektive seiner Familie gesehen hat, wie sehr die Werte, die ihm als allgemein verbindlich galten, nur die privaten Idiosynkrasien einer mehr oder minder engen Personengruppe widerspiegeln. Und ihn überkommt das Verlangen, anders zu sein, anders zu werten, anders zu fühlen, anders zu leben. Wie, das weiß er noch nicht. So wie eine übersättigte Salzlösung nach Kristallisationskernen verlangt, sucht er nach neuen Identifikationsobjekten, nach neuen Vorbildern, in denen er sich wiedererkennen, an denen sich seine aufgelöste Identität wieder kondensieren kann.

Das ist aber nur die eine Seite der Sache. Auf der anderen steht die ebenso lapidare Einsicht, daß man sich nicht ohne schwere Einbußen an Selbstgewißheit von dem in zwanzig Jahren organisch gewachsenen Wurzelstock der eigenen Lebensgeschichte losbrechen kann. Wenn mein Vater ein gerichtsnotorischer Lump und meine Mutter eine Säuferin gewesen wären – ich trüge sie in mir, ich könnte mir's nicht aussuchen. Nicht ihre Gene – die auch, aber das wäre noch das wenigste: *Sie selbst*, in allen Aspekten ihrer Persönlichkeit, gehören zu dem Fundament, auf dem meine Identität gründet.

Von Theodor Storm stammt ein Gedicht, in dem er seine Heimatstadt Husum besingt – offenkundig eine Gegend, die es an Lebensqualität nicht eben mit der Karibik aufnehmen kann.

Am grauen Strand, am grauen Meer
Und seitab liegt die Stadt,
Der Nebel drückt die Dächer schwer.
Und durch die Stille braust das Meer
Eintönig um die Stadt.

Es rauscht kein Wald, es schlägt im Mai
Kein Vogel ohne Unterlaß;
Die Wandergans mit hartem Schrei
Nur fliegt in Herbstesnacht vorbei,
Am Strande weht das Gras.

Doch hängt mein ganzes Herz an dir,
Du graue Stadt am Meer;
Der Jugend Zauber für und für
Ruht lächelnd doch auf dir, auf dir,
Du graue Stadt am Meer.

Wenn Storm in dieser Stadt aufgewachsen ist, dann ist sie seine Seelenlandschaft, das Medium, aus dem sich sein frühes Ich artikuliert hat. Er weiß recht gut, daß es schönere Plätze gibt. Und doch: Schmäht jemand diese Landschaft, so schmäht er *ihn*.

Und ebensowenig kann man sich vom eigenen Volk, der eigenen Nationalität dispensieren. Wer als Deutscher geboren wurde, darf Beethoven und Goethe für sich reklamieren und muß die Last von Auschwitz tragen, ohne eine falsch zitierte »Gnade der späten Geburt« für sich in Anspruch nehmen zu können. Und der Adoleszent, den der Ekel an der behäbigen Selbstgerechtigkeit seiner Eltern packt, erfährt, ob er will oder nicht, daß seine Verachtung in die Tiefen seiner eigenen Seele brennt. Von Wilhelm Busch muß er sich sagen lassen:

Und schimpfe auf die Welt, mein Sohn,
Nicht gar zu laut.
Eh du geboren, hast du schon
Mit dran gebaut.

Er muß erkennen, daß gerade jene Introjekte, die er am liebsten abstoßen würde, um wirklich er selbst zu werden, zugleich den Quellgrund bilden, aus dem sich sein Urvertrauen speist.

Erikson hat das hier angesprochene Dilemma als die *jugendliche Identitätskrise* bezeichnet. Eine Krise ist das deshalb, weil gerade das Urvertrauen andererseits auch ein wichtiger Synergist jenes Autonomieanspruchs ist, aus dem sich die Kraft zur Ablösung speisen soll. Damit ist die Identitätskonstruktion des Adoleszenten an ein logisch schier unauflösbares Paradox gekoppelt: Das Potential, selbständig zu werden, entstammt der Verwurzelung in genau dem, wovon man sich freimachen soll. Eine Identität, die sich nicht auf ein Ja zur eigenen Herkunft gründen würde, hätte gar nicht die Kraft, sich gegenüber dieser Herkunft zu verselbständigen.

Was dem Menschen also abverlangt wird, ist eine seltsame Synthese von Ablösung und Rückbindung. Er muß sich von seinen Introjekten emanzipieren und doch den Segen des Urvertrauens weiterhin aus ihren Händen empfangen.

Hans Heinrich Eggebrecht
Klatschen

Vom akustischen und ästhetischen Standpunkt aus gesehen, entbehrt es nicht einer gewissen Merkwürdigkeit: Man erwartet Musik, das Geordnetste vom Geordneten, aber zunächst einmal ist da ein Lärm klatschender Hände, und ist die Musik zu Ende, das Komponierte, Geprobte, in jedem Laut Durchdachte, erfolgt abermals das chaotische Geräusch. Kunst, die schöne, wird eingerahmt durch ein ganz und gar Unschönes, einen Inbegriff von Kunstlosigkeit. Zu tadeln ist das natürlich nicht. Ein ästhetisches Urteil ist unangebracht. Ich bin selbst ein begeisterter Klatscher. Und man klatscht allenthalben, zum Beispiel im Zirkus oder bei einer Modenschau oder bei politischen Reden. Auch bei einer musikalischen Darbietung stört das Klatschen nicht. Im Gegenteil: Wenn es ausbleibt oder dürftig ist, dann stimmt da etwas nicht.

Das Klatschen ist gewohnt, ist selbstverständlich, wird erwartet: Es gehört zur Sache. Aber ist es wirklich so selbstverständlich? Kann man vielleicht auch mal darüber nachdenken? Denn was geschieht, wenn es geschieht? Versuchen wir also ein bißchen über das Klatschen zu philosophieren.

Da gibt es zwei Seiten: Zum einen das Publikum, das, indem es klatscht, den Beifall spendet, und zum anderen die Künstler, die, indem sie sich verbeugen, den Beifall empfangen.

Jeder Leser dieses Textes, auch wenn er kein Künstler ist, gehört beiden Seiten zu. Es kann geschehen, daß er Beifall empfängt (auch wenn er ihn vielleicht gar nicht erwartet), und er gerät in Situationen, in denen er Beifall spendet (auch wenn es sich nicht um Kunst handelt). Auch ich, wenn ich Vorlesungen oder Vorträge halte, denke an Beifall und zweifele an mir, wenn er schwach ist oder gar ausbleibt, und andererseits bin ich ein leicht entzündbarer Spender von Beifall; sogar wenn ich allein vor dem Fernseher oder Hörfunkgerät sitze, kann ich mit Klatschen reagieren, nur so vor mich hin.

Hier nun sprechen wir über Musik und denken dabei – selektiv –

an ein Konzert. Und wir beginnen mit den Darbietern des Konzerts, den Empfängern des Beifalls. Sie haben in der Regel schon während der Schulzeit Musik betrieben, dann Musik studiert und zu ihrem Beruf gewählt; sie haben – wie man so sagt – ihr Leben der Musik gewidmet und dies immer mit der Vorgabe und dem Ziel des öffentlichen Auftretens, der Bewährung vor einem Publikum. Und nun haben sie sich auf das Konzert intensiv vorbereitet und sich angestrengt, ihr Bestes zu geben. Sie stellten sich auf die Probe. Sie sind ein Risiko eingegangen. Sie haben sich verausgabt. Und da die Musik ihrem Wesen nach und so auch bei ihrer Ausführung beständig etwas zu tun hat mit dem Empfinden, der Seele, dem Inneren, und weil die Musik auch in diesem Sinne Leben ist, haben sie in ihrer Darbietung der Musik ihr Leben nach außen gekehrt, dargereicht, der Beurteilung anheimgegeben.

Die Darbieter möchten »ankommen«, das heißt sie möchten aus ihrem existentiell Inneren heraus Eingang finden ins existentiell Innere, ins Empfinden, in die Seele der Hörer. Sie stiften durch Musik den Zustand der ästhetischen Identifikation, der Einswerdung von Musik und Hörer, und sie möchten diese Einswerdung so optimal ermöglichen, daß sich der Hörer auch mit dieser Ermöglichung, dieser Veräußerung von Innerem, innerlich identifiziert. So erwarten die Darbieter den Beifall; sie benötigen ihn; sie ernten ihn. Das Klatschen, auch Trampeln und Rufen in der Intensität des chaotischen Geräuschs ist die Bemessung ihres Ankommens. Es gibt ihnen zurück, was sie gegeben haben. Und indem sie im Beifall den Dank des Publikums empfangen und sich nun ihrerseits dankbar verbeugen, entsteht für die Dauer des Chaos eine nach außen gekehrte Brücke zwischen zwei Innerlichkeiten, die eine Zeitlang beisammen waren.

Mag sein, daß meine Interpretation übertrieben ist, unwirklich, idealisiert, und daß es Künstler gibt, bei denen das Phänomen des Beifalls derartige Tiefen nicht erreicht, weil sie unabhängig von Bestätigungen ihr künstlerisches Gewissen selber sind und ihre Leistung am zuverlässigsten durch sich selbst beurteilen. Doch indem wir uns nun denen zuwenden, die den Beifall spenden, dem Publikum, tauchen wiederum jene Tiefendimensionen auf und behaupten sich.

In der Regel klatscht das Publikum schon vor der Darbietung, wenn der Künstler erscheint. Womöglich kennt es ihn bereits, jedenfalls erwartete es ihn und empfängt ihn nun. Es weiß, daß er ihm etwas Schönes bieten wird, einen Genuß, das Schöne der Musik, und es dankt ihm dafür im voraus. Und dabei weiß das Publikum, daß der Künstler, indem er die Musik zur Darbietung bringt, auch sich selbst darbietet, sein Inneres, das die Zuhörer in ihrem Inneren empfangen werden. Im Publikum vibriert – auch unbewußt, unbenannt – ein Gefühl der Mitbeteiligung an dem, was nun geschehen wird, und indem es schon im voraus Beifall spendet, verbindet es sich mit dem Darbieter und macht die bevorstehende Mitbeteiligung hörbar. Der Raum wird zu einem Ort, an dem der Künstler, dem Hörer sich darbietend, und der Hörer, dem Künstler zugewandt, zusammengehören und eine Einheit bilden, die Einheit des Konzerts, in dem sogleich nichts anderes mehr sein wird als Musik im Erzeugen und Empfangen.

Nach dem Konzert spielt auch dies alles wiederum eine Rolle, nun aber rückwärts gewandt und je nach der Intensität des Erlebten, des »Angekommenseins«, womöglich gesteigert zu rauschendem, stürmischem, donnerndem, nicht enden wollendem Beifall, untermischt mit Trampeln und Bravorufen und dem Überreichen und Zuwerfen von Blumen. Der Künstler hat dem Publikum etwas Schönes geboten, einen Genuß, eine Verzauberung, das Schöne der Musik, womöglich in perfekter Ausführung. Und es dankt ihm nun dafür. Das Publikum hat gespürt, daß der Künstler, indem er die Musik darbot, auch sich selbst dargeboten hat, sein Inneres, das die Zuhörer in ihrem Inneren empfangen durften. Und auch dafür nun dankt es ihm.

Bei all dem aber, glaube ich, applaudiert das Publikum auch sich selbst. Denn ohne Zuhörer gibt es keine Darbietung. Im Raum des Konzerts bildeten das Dargebotene, die Darbieter und die Empfänger der Darbietung eine Einheit. In dieser Trias waren die Empfänger für das Konzertgeschehen unabdingbar, sie waren beteiligt, sie haben verstanden, sie erkennen klatschend auch sich selber an.

In einer anderen Dimension nun aber fungiert das Klatschen auch als Befreiung. Die Zuhörer konzentrierten sich auf die Musik, sie waren durch sie gefangengenommen, waren in eine andere Welt versetzt, »waren weg«, waren gefordert und gefesselt. Und auf diesen Druck, die Hingabe und Gebanntheit, reagiert das Publikum emotional mit einer geräuschhaften Entladung, womöglich verbunden mit dem spontanen Sicherheben von den Sitzen.

Die Befreiung ist auch zu deuten als ein Zurückkehren in die Wirklichkeit, ein Zurückfinden in das Nicht-Kunsthafte, ins alltägliche Bei-sich-selbst-Sein, das mit dem Verlassen des Darbietungsraums, dem Empfang der Garderobe und dem Heraustreten auf die Straße wieder beginnt. Durch das Klatschen vor und nach der Aufführung wird die Kunst abgetrennt von all diesem und eingerahmt. So wie im Theater der Vorhang aufgeht und dann wieder zu, und so wie auch im Konzertsaal das Licht ausgeht und dann wieder an, so auch schaltet das Klatschen die Wirklichkeit aus und dann wieder ein. Es umrahmt die Besonderheit, die Stille, in der die Kunst produziert wird, durch deren Gegenteil.

Oder ist es übertrieben, wenn wir das Klatschen so vieldimensional fungieren lassen? Es gibt den Empfängern des Beifalls zurück, was sie gegeben haben, und ist eine Bemessung ihres Ankommens. Die Spender des Beifalls danken für einen Genuß im voraus und im nachhinein. Sie bekunden ihre Mitbeteiligung an der Einheit des Konzertgeschehens; sie applaudieren auch sich selbst. Sie reagieren sich ab und explodieren; sie befreien sich von der Forderung und Fesselung des Zuhörens. Das chaotische Geräusch umrahmt, was in der Stille und im Dunkeln geschieht, und trennt das Geschehen ab von der Wirklichkeit, isoliert es von ihr und führt es in sie zurück.

Das Klatschen kann aber auch abhängig sein von dem Raum, in dem die Musik dargeboten wird. Ich erinnere mich, daß, als ich noch jung war, in der Kirche nicht geklatscht wurde und daß es mich – zumal als Pfarrerssohn – zunächst schockierte, als man bei einem Kirchenkonzert Beifall spendete – vielleicht weil ich das Gefühl hatte, die Darbietung im Gotteshaus sei wie der Gottesdienst eine Form des Kults, bei dem die Anwesenden nicht Publikum sind, sondern Gemeinde. Heute ist das Beifallspenden auch im Kirchenraum selbstverständlich. Warum auch nicht?

Ich weiß nicht, ob es noch Gelegenheiten und Räume gibt, bei denen nach einer künstlerischen Darbietung das Klatschen verpönt ist. Eine Kulturbeschreibung des Klatschens gibt es meines Wissens ebensowenig wie eine Beschreibung seiner Geschichte.

Gleichwohl macht es mich nachdenklich und zweifelnd, wenn zum Beispiel nach einer Aufführung der »Matthäuspassion« von Bach die Zuhörer Beifall spenden. Der von den Menschen gekreuzigte Sohn Gottes – und man klatscht. Wenn zwar hierbei natürlich nur die Ausführung gemeint ist, so wird doch damit in eins auch der Gegenstand dem ästhetischen Genuß verschwistert, für den man dankt und der durch die Inszenierung eines Lärms von der Wirklichkeit abgetrennt wird. Klatscht man auch nach dem »War Requiem« von Benjamin Britten oder nach der Auschwitz-Musik von Luigi Nono?

Gewiß ist die Intensität des Klatschens auch abhängig von der Musik, die dargeboten wurde. Es gibt zwischen dem Ende der Darbietung und dem Einsetzen des Beifalls auch die Stille der Ergriffenheit, die nicht nur von der Aufführung, sondern mit ihr zusammen auch von dem Werk veranlaßt sein kann. Andererseits gibt es Musik, die – zum Beispiel aufgrund ihrer Beliebtheit – den Beifall verstärkt. Bei der Zugabemusik wird dies zum Kalkül, wenn – wie so oft – hierfür besonders schöne, eingängige, virtuose, reißerische Stücke gewählt werden.

Es gibt aber auch – in der Regel vom dargebotenen Werk veranlaßt, bei Opern auch von der Inszenierung – die ins Akustische transformierte Mißgunst des Publikums, die Ablehnung, hörbar gemacht durch Unruhe, Rausgehen (womöglich gekoppelt mit Türenschmeißen), Buhrufe, Pfeifen, wobei nicht selten die Hörerschaft in Für und Wider parteilich auseinanderdriftet. Neuheit, Ungewohntheit, mangelnde ästhetische Erfahrung, scheinbare (oder wirkliche) Fehlgriffe und Unsinnigkeiten können, als Bedrohung der Kunst empfunden, schockierend und empörend wirken. Dann kann es sein, daß die Darbieter in Zweifel und Einsamkeit gestoßen werden (an deren Rand ihr Dasein ohnehin beständig angesiedelt ist) oder daß sie sich etwas zugute halten im Glauben an eine Zukunftstat.

Das Publikum, so wie es als Empfänger, also als Mitbeteiligter der Darbietung, das Recht des Beifalls hat, so hat es auch das Recht der akustisch gleichfalls chaotischen Ablehnung, was auch immer der Anlaß sein mag. Leider sind die Bekundungen der Ablehnung heute selten geworden. Was waren das noch für Zeiten, als man beim Anhören neuer Musik in Lärmen und Ohrfeigen ausbrach! Heute ist man geneigt, alles zu schlucken. Weil die Maßstäbe wanken oder fehlen? Weil man sich nicht traut, seine Meinung kundzutun? Weil man sich für inkompetent hält? Weil man nicht als »von gestern« erscheinen möchte? Weil – nicht nur im Konzert – alles normative Verhalten und so auch ein genormter Geschmack als verdächtig erscheint?

Wenn auch in Sachen Kunst die Zukunft wichtiger, auf Dauer maßgebender und entscheidender sein kann als die konkrete Gegenwart, so muß und will doch die Musik in Komposition und Ausführung durch die konkrete Gegenwart hindurch. Sie kann – bei aller Normendurchbrechung und Neuheit – nicht nur auf die Zukunft gerichtet sein, die vielleicht für sie kommen wird, vielleicht auch nicht, und sie kann nicht nur den Kritiker meinen, der, als Experte deklariert oder sich deklarierend, am nächsten Tag etwas in eine Zeitung schreibt, das vielleicht Bestand haben wird, vielleicht auch nicht, sondern sie sucht – ob sie es zugibt oder nicht – das anwesende Publikum, die Teilnehmer des Konzerts, den gegenwärtigen Menschen.

Klatschen oder Nichtklatschen oder Buhrufen sind nicht nur die Reaktion auf eine Darbietung, der subjektive Reflex, der die Darbietung beurteilt, sondern sie sind allemal auch ein unbewußt abgegebener Urteilsspruch des Publikums über sich selbst. Denn Mitbeteiligung bedeutet auch Mitverantwortung im Hier und Jetzt. Und die Geschichte der Musik schreiben nicht nur die Komponisten und die Ausführenden der Komposition, sondern auch die Hörer, die Anwesenden, die die Musik rezipieren und aufgefordert und verpflichtet sind, Stellung zu nehmen – zum Beispiel durch Klatschen.

Josef van Ess
Die Natur als Spiegel göttlicher Macht

Gott bleibt also der Herr, mag man noch so sehr nuancieren. Und wenn man nuanciert, so ohnehin nur bei Gottes Verhältnis zum Menschen. Im Verhältnis zur unbelebten Schöpfung bleibt seine Verfügungsgewalt ohne jede Verkleidung. So wie sich Gott um den Menschen in jedem Augenblick sorgt, hält er auch die Natur in jedem Augenblick in seiner Hand, und zwar nicht nur nach Art des »Bildners«, des »technítes«, wie die Antike und der neuzeitliche Deismus sich das vorstellten; die Welt ist kein Uhrwerk, und sie läuft auch nicht ab nach ihren eigenen Gesetzen, sondern Gott bestimmt jedes Geschehen in jedem Augenblick selber, ohne »Zweitursachen«, »causae secundae«, also genau ohne das, was wir aus unserer Perspektive als unmittelbare und einzig gültige Kausalverknüpfung ansehen würden. Zwar hat die Welt ihre Ordnung, aber es ist nicht die Ordnung eines Kosmos. Die Ordnung ist für den, der sie setzt, nämlich Gott, nicht bindend; Gott kann ja Wunder tun. Man nennt das Okkasionalismus; Malebranche hat so ähnlich gedacht, im Mittelalter Nikolaus von Autrecourt. Kausalität ist im strengen Sinne damit nur noch optische Täuschung; was wir als »propter hoc« interpretieren, ist in Wirklichkeit immer nur ein »post hoc«, wie der Theologe al-Ghazzālī, der Algazel des Mittelalters, sagte – in einem Werk übrigens, das auch ins Lateinische übersetzt worden ist. Er hat damit die These David Humes vorausgenommen. Auch Naturgesetze haben insofern nur eingeschränkte Geltung, soweit nämlich Gott aus Gewohnheit immer die gleichen Entscheidungen trifft, als »coutume de Dieu«, um mit Leibniz zu reden. Gott ist frei; dennoch ist er nicht unbedingt kapriziös.

Mit dem letzten Satz ist implizit schon eine Frage beantwortet, die sich jedem forschenden Abendländer hier sofort aufdrängt: wie es denn dann mit der Naturwissenschaft und der Technik bestellt sei. Beide Phänomene werden von einer solchen Denkweise nicht unbedingt beeinträchtigt. Denn mag Gott auch nicht berechenbar sein, so tut er doch ebensowenig in jedem Augenblick etwas anderes; er hat seine Usancen, und auf diese Usancen kann man sich im Grunde verlassen. Selbst Wunder tut er nicht, wenn er Lust hat; denn ein Wunder im echten Sinne ist nach der Definition, welche die islamische Theologie entwickelte, immer ein Bestätigungswunder, das einem Propheten zu größerer Publikumswirksamkeit verhilft. Nach Muhammad aber wird kein anderer Prophet mehr auftreten; er war ja das »Siegel« der Propheten. Einem Naturwissenschaftler reicht eine solche Konvention; er weiß ohnehin, daß Naturgesetze nichts anderes sind als Induktionsschlüsse, die wir bis auf weiteres als gegeben annehmen.

Allerdings muß man berücksichtigen, daß, vor allem durch den Einfluß der mystischen Orden, die Wundergläubigkeit des einfachen Volkes sich auf die Dauer immer freier entfalten konnte. Dem Haupt eines solchen Ordens, dem Shaikh im arabischen Raum, dem Pīr in Iran, dem Marabut im Maghrib und in Afrika, traute man Fähigkeiten zu, welche die Naturgesetze immer wieder durchbrachen: Telekinese, Hellsehen, Bilokation, und ebenso wie ein Prophet mußte er sich mit solchen Fähigkeiten legitimieren. Zudem ist die Entwertung der »Zweitursachen«, mag sie noch so theoretisch gemeint sein, nicht unbedingt dazu angetan, das Interesse an ihnen zu fördern; man mag sich leichter als sonst auf die Unerforschlichkeit des göttlichen Ratschlusses zurückziehen. Die Religion gibt also zumindest keinen Ansporn, Naturwissenschaft zu treiben. Aber das tut sie anderswo auch nicht; dazu ist sie auch nicht da. Interesse an den Naturwissenschaften erwächst im allgemeinen aus anderen Wurzeln.

Eines allerdings läßt sich sagen: Für einen Muslim spricht Gott nicht aus der Natur, sondern an ihr vorbei. Sie ist, so könnte man etwas überspitzt formulieren, theologisch einfach nicht vorhanden. Sie ist damit auch keine Macht, der der Mensch sich anheimgeben könnte; sie hat keinen Empfindungswert. »Mutter Natur« läßt sich nicht ins Arabische übersetzen; der Muslim ist kein Umweltschützer. Nun muß man, um letzteres zu erklären, nicht unbedingt die Theologie bemühen. Der Islam ist in Landstrichen zu Hause, wo Natur dem Menschen meist feindlich gegenübertritt, der Mensch muß sich ihr entziehen, er kann nicht in ihr aufgehen. Sein Ideal ist die künstlich geschaffene Welt: die Stadt, das Bewässerungssystem, der Garten, den er in Gestalt des Teppichs in das

Haus hineinnimmt. Auch die Poesie der islamischen Stadtkultur beschreibt, wenn sie von der Natur redet, nicht unberührte Landschaften, sondern Gartenblumen, und sie vergleicht sie meist mit etwas Totem, mit Schmuck, mit Edelsteinen. Der Gedanke, daß auch das andere: die Wüste, das Gebirge, der Wald, Schöpfung ist und damit einen Sinn in sich haben könnte, kommt gar nicht erst auf; Schöpfung hat ihren Sinn entweder im Hinblick auf den Menschen, insofern er aus ihr Nutzen zieht und Gott dafür danken kann, oder im Hinblick auf Gott, insofern sich in ihr dessen Macht manifestiert.

Gott und Mensch sind die Koordinaten dieses Systems; »tertium non datur«. Die islamischen Theologen gehen nicht von der Kosmogonie aus wie die Griechen und, in gewissem Sinne, noch die mittelalterlichen Scholastiker; sie suchen nicht nach dem ersten Prinzip der Natur, und sie schreiben keine Kommentare zur Genesis. Die Gottesbeweise, die sie benutzen, sind im allgemeinen weder kosmologischer noch teleologischer Art. Diese Theologen waren im Hauptberuf meist Juristen, und ihr Weltbild war juristisch: ganz auf das Handeln ausgerichtet, und zwar auf verantwortliches Handeln, wie es nur beim Menschen sich finden kann.

Michael Fossel

Ist Altern eine Krankheit?

Für die meisten Menschen sind akademische Theorien über das Altern irrelevant. Wenige von uns wollen Einzelheiten darüber erfahren, wie es zu einer Krankheit kommt oder ob sich die Wissenschaft über den Mechanismus des Alterns einigen kann. Und was die Therapien betrifft, die den Alterungsprozeß umkehren sollen, so interessieren sich die meisten von uns einfach für deren Wirksamkeit. Die Ursachen von Krebs beschäftigen uns weniger als seine Heilungschancen. Wir wollen wissen, was funktionieren wird.

Naturgemäß wird es bei jedem Versuch, die menschliche Lebensspanne durch Veränderung des Telomers zu erhöhen, um einen Eingriff in die Chromosomen und allgemein gesagt in die Gene gehen. Es gibt verschiedene Formen von Gentherapie, jede mit ihren eigenen ethischen Implikationen. Setzt die Therapie zum Beispiel an den Körper- oder den Keimzellen an? Zielt sie auf die Behebung einer genetisch bedingten Krankheit ab, oder geht es nur um ein kosmetisches Problem?

Die Debatte um Körper- versus Keimzellentherapie ist deshalb wesentlich, weil es dabei um den Unterschied geht, ob nur man selbst davon betroffen ist (Körperzellen) oder künftige Generationen (Keimzellen). Genetische Veränderungen unserer Körperzellen rufen weniger oder zumindest andere Einwände hervor als der Eingriff in unsere Keimzellen. Schließlich werden diese künftigen Generationen, die von Veränderungen in den Keimzellen betroffen sind, bei unserer Entscheidung nicht gefragt.

Es wird auch die verschwimmende Unterscheidung zwischen Eingriffen zum Zweck der Heilung oder Vorbeugung von Krankheiten und Eingriffen zu rein kosmetischen Zwecken getroffen, zwei Motive, die als die Pole eines moralischen Spektrums gelten. Krebs ist eine Krankheit; ihr vorzubeugen und sie zu heilen ist gut. Augen- und Haarfarbe sind keine Krankheiten, sondern äußerliche Eigenschaften; sie zu verändern, nicht zu »heilen«, ist weder gut noch schlecht. Wenn man es tut, provoziert man Fragen: die nach den Kosten, die nach den Risiken und jene nach der »Unantastbarkeit«. Was die Kosten betrifft, so ist es ethisch keinesfalls vertretbar, wenn begrenzte Mittel für kosmetische Veränderungen aufgewendet werden, auf Kosten von Eingriffen, die Krankheiten verhindern und heilen könnten. Was das medizinische Risiko betrifft, müssen wir, falls der Eingriff in unsere Gene mit einem hohen Risiko verknüpft ist, dieses gegen den Wert der erwünschten Resultate abwägen. Ein hohes Risiko mag bei der Behandlung eines anderenfalls tödlichen Krebses ethisch akzeptabel sein, aber nicht, wenn es nur um eine kosmetische Korrektur geht. Die Frage der »Unantastbarkeit« unserer Gene ist die schwierigste und problematischste, mit der wir uns in Zusammenhang mit der Möglichkeit von Genmanipulationen auseinandersetzen müssen. Diese Unantastbarkeit wird in Diskussionen über diese Thematik zwar vorausgesetzt, aber selten offen angesprochen. Die meisten Menschen finden wohl, jeder genetische Eingriff müsse aus einem hinreichend wichtigen Grund erfolgen, um nicht nur die beteiligten Kosten und Risiken zu rechtfertigen, sondern auch die Keckheit, die Baupläne des Lebens zu ändern. Zum Beispiel haben Nelson Wivel, Leiter des Office of Recombinant DNA Activities am Nationalen Gesundheitsinstitut der USA, und LeRoy Walters, Professor für Ethik an der Georgetown University, in einem Artikel über die Ethik der Genmanipulation in der Zeitschrift »Science« die Sorge geäußert, daß sich »genetische Modifikation … gegen gesunde Menschen richten könnte, die keine Anzeichen genetischer Mangelkrankheiten aufweisen«. Sie vertreten die Auffassung, daß man an den Genen nicht herumpfuschen sollte, sofern keine Mangelkrankheit vorliegt.

Ein Problem mit diesem Grundsatz ist, daß sowohl »Mangel« als auch »Krankheit« schwammige Begriffe sind. Immunschwäche ist eine Krankheit, der generelle Mangel an Melanin, das heißt Pigmenten, bei Angehörigen der weißen Rasse dagegen wahrscheinlich nicht. Aber wie steht es mit einem Defizit an Nervenverbindungen im Gehirn? Wie niedrig muß der IQ sein, um als Mangel bezeichnet zu werden? Wie steht es mit der Körpergröße? Wie niedrig muß unser Wachstumshormonspiegel – oder irgendein anderer Faktor – sein, um als genetische Mangelkrankheit definiert zu werden?

Und wie verhält es sich mit der Menopause? Sie ist bei Frauen, die lange genug leben, ein universeller, natürlicher und normaler Vorgang. Es scheint klar, daß sie keine Krankheit ist; dennoch lassen die damit verbundenen medizinischen »Komplikationen« sie uns als Krankheit erschienen. Durch die Menopause erhöht sich das Risiko von Osteoporose und, als weitere Folge, von Frakturen. Gebrochene Knochen schmerzen und können Operationen erforderlich machen, und das Todesrisiko steigt sowohl durch die Fraktur als auch durch den chirurgischen Eingriff. Durch die Menopause nimmt auch das Risiko anderer potentiell tödlicher Erkrankungen wie der der Herzkranzgefäße zu, die zum Herztod führen. Mit den durch die Menopause bedingten Hitzewallungen und Veränderungen der Schleimhäute finden sich die meisten Frauen ab; das Herzrisiko setzt dagegen ganz allmählich ein und wird nur entfernt auf die Menopause zurückgeführt. Viele Frauen und Ärzte sind jedoch ernsthaft daran interessiert, die Menopause und den mit ihr einhergehenden Anstieg von Morbidität und Mortalität zumindest teilweise rückgängig zu machen.

Die Frage, ob die Menopause eine Krankheit ist, wird kontrovers diskutiert. Als universeller, natürlicher, unvermeidlicher und genetisch bedingter Vorgang ist sie eigentlich keine Krankheit. Aber sie ist auch oft mit manchmal gefährlichen, in seltenen Fällen tödlichen Komplikationen verbunden, und sie läßt sich manipulieren, und insofern ist sie eine Krankheit, deretwegen sich bereits viele Frauen in Behandlung begeben. Wonach sollte sich unsere Definition also richten, nach unseren Worten oder nach unseren Handlungen? Man könnte argumentieren, die Menopause sei eine Krankheit, weil Menschen sie als solche behandeln; sie lehnen sie ab und versuchen etwas dagegen zu unternehmen.

Ganz ähnlich können wir uns fragen, ob das Altern eine Krankheit sei. Wir haben das Altern traditionell nie als Krankheit betrachtet. Es ist ein universelles, natürliches, unvermeidliches und genetisch bedingtes Phänomen. Obwohl sich viele Biologen und Biologinnen heftig dagegen wehren, Altern als Krankheit zu definieren, ist leicht einzusehen, daß man es als solche betrachten könnte. Wenn wir selbst darunter leiden, wenn wir miterleben, wie unsere Eltern ihm langsam erliegen oder unser Partner von den damit einhergehenen Schmerzen und Komplikationen geplagt wird, beginnen wir an dem sachlichen Gehalt einer engen Definition zu zweifeln, deren Verdienst rein oberflächlich bleibt. Die Frage, ob Altern eine Krankheit ist, stellt kein genetisches oder biologisches, ja nicht einmal ein medizinisches Problem dar; sie ist eine menschliche Grundfrage.

Letztlich entscheidend ist, ob wir Menschen es wie eine Krankheit behandeln werden, sobald wir Gelegenheit erhalten, den Verlauf des Alterns zu verändern. Beklagen sich die Menschen darüber und versuchen sie, ihm zu entgehen? Versuchen sie, es zu behandeln, und wollen sie es verhindern oder rückgängig machen? Daran gibt es keinen Zweifel.

Nicht überall, nicht immer, nicht ohne Bedenken, aber überwiegend begegnen Menschen dem Altern so, als ob es eine Krankheit wäre. Durch ihr Verhalten definieren sie es als die ultimative, allem zugrundeliegende, universelle Krankheit. Es ist weder ansteckend noch zufallsbedingt noch die Folge eines genetischen Defekts. Im Gegenteil, unsere Gene vollstrecken es mit unbarmherziger Konsequenz. Es ist ein natürlicher und normaler Bestandteil unserer Biologie. Aber es ist nicht leicht zu ertragen und erscheint den meisten Menschen nicht wünschenswert. Obwohl das Altern nicht der biologischen Definition von Krankheit entspricht, wird es durch unsere Emotionen und Aktionen als solche definiert.

Joachim Kaiser
Eine tiefgreifende Veränderung

Was aber hat sich verändert, seitdem der Rundfunk und die Schallplatte sich ins Musikleben drängten? (1962 wurden allein in der Bundesrepublik 5,7 Millionen Langspielplatten sogenannter E-Musik – also angeblich »ernster«, »klassischer« Musik – verkauft.) Die Antwort klingt radikal: In unserem Verhältnis zur Musikinterpretation ist nichts unberührt geblieben. Diese Veränderung hat die passiven, die nichtausübenden, sondern nur zuhörenden Musikfreunde genauso ergriffen wie die musizierenden Dilettanten, die professionell Beteiligten (Manager, Organisatoren, Lehrer, Musikschriftsteller, Kritiker) und die Künstler selbst.

Es existiert heute eine erstaunlich große, wenn auch schwer faßbare Schicht von Interessierten, deren Beziehung zur Musik nur durch die Schallplatte hergestellt wird. Auf dem Lande und in kleinen Städten, wo nur wenige oder nicht allzu reizvolle Konzerte stattfinden, leben wohlinformierte Schallplattenfreunde und -sammler (oft mit Bandapparaturen zum »Mitschneiden« wiederholungswürdiger Rundfunkdarbietungen ausgestattet), für die das »Plattenhören« Regel ist und das Konzert seltene Ausnahme – wenn sie überhaupt noch in Konzerte gehen. Auch in Großstädten gibt es viele, die der Unbequemlichkeit des Konzertbesuchs ausweichen, die sich aus gesundheitlichen, finanziellen oder ästhetischen Gründen auf den privaten Genuß sogenannter »Musikkonserven« beschränken. Je mehr sie sich ans Plattenhören gewöhnt haben, desto schwerer wird oft die Umstellung, wenn sie es doch einmal mit dem Konzerteindruck und seinen Unvollkommenheiten versuchen. Der Nachbar hustet, der Vordermann bewegt sich, der Künstler verspielt sich, das Werk wird durch Beifall, schlechte Akustik, endlosen Hin- und Rückweg belastet. Lieber verharrt man im reinen, imaginären Museum der Bänder, Platten und Rundfunkkonzerte. Diese große Gruppe existierte vor dem Auftauchen des Grammophons und des Rundfunks natürlich nicht.

Aber auch die Musikfreunde, die immer noch – und zunehmend – fasziniert sind vom festlichen »hic et nunc« des Konzertes, die spüren, wie wenig die obertonreiche Klangfülle zumal eines Orchesters sich im viel zu kleinen Wohnzimmer oder Studio selbst von der raffiniertesten Apparatur reproduzieren läßt: Auch sie hören jetzt, beeinflußt durch die Schallplattenerfahrung, im Konzert anders zu. Und die Künstler spielen in dem Bewußtsein, an den Schallplatten der Konkurrenten gemessen und mit den eigenen Schallplatten verglichen zu werden.

Diese Beobachtungen scheinen auf etwas ziemlich Selbstverständliches hinauszulaufen: Das an Schallplatten gewöhnte Publikum ist aufgeklärter. Es hat überall eine genauere Vorstellung vom Möglichen als früher: Höchstleistungen sind beliebig verfügbar. Jetzt kann selbst im entlegenen Provinzort nicht mehr die »führende« Klavierlehrerin oder der herrschende Kapellmeister unangefochten bestimmen, was als gut und richtig zu gelten habe, wie es früher so oft der Fall war. Solche Schallplattenaufklärung bringt es mit sich, daß »Ruhm« nicht mehr allein durchs persönliche Auftreten erworben werden kann. Manche Künstler haben über die Schallplatten ihr Publikum gewonnen. Sie hatten in manchen Städten schon bei ihren Debüts volle Häuser (Dietrich Fischer-Dieskau, Van Cliburn, Herbert von Karajan). Doch darf man diesen Echoeffekt der Schallplatte nicht überschätzen. Auch heute noch fällt die erste und wichtigste Entscheidung über den Rang und die Qualität eines Künstlers wohl doch in der Öffentlichkeit, angesichts der Öffentlichkeit des Konzertsaals. Wenn ein durchs persönliche Auftreten in Musikzentren oder Hauptstädten erworbener Ruhm sich dann durch die Schallplatte erweitert und vervielfacht, ist etwas hinzugekommen, aber nichts Entscheidendes hat sich geändert. Liszt und Paganini konnten auf ihren Deutschlandtourneen auch da mit »vollen Häusern« rechnen, wo sie zum ersten Male auftraten. So gesehen wäre Schallplattenruhm nur eine neue Nuance des einst durch Reklame, Kritiken oder Gerüchte gleichfalls verbreiteten »Vorruhms«. Nur daß die Schallplatte kein Gerücht ist, sondern ein Dokument.

Kann man sich naiv stellen und die Unterschiede zwischen kunstvoll manipuliertem Schallplatteneindruck und direktem Konzerteindruck einfach ignorieren? Es gibt viele Musikfreunde, die einer Platte zuhören wie einem Konzert. Sie adaptieren. Sie stellen in ihrem Bewußtsein für die Platte den Rahmen des Konzerts her und lassen die Unterschiede auf sich beruhen. Man kann dies Verhalten einüben. Denn man kann ja auch einen im Fernsehen gezeigten Spielfilm unwillkürlich als Spielfilm ansehen, kann sich trotz des Fernsehformats die Größe einer oft angeschauten Filmleinwand vorstellen und sich so darüber hinwegmogeln, daß Fernsehdramaturgie und Filmdramaturgie zwei verschiedene Dinge sind. Genauso ist es möglich, fotografiertes Theater im Fernsehen doch als Theateraufführung wahrzunehmen, indem man die Theaterumstände hinzubringt. Man löst dann den Fernseheindruck gleichsam aus dem Apparat heraus und transponiert ihn auf eine gedachte Theaterbühne.

Ganz gelingt das wohl nie. Bei einiger Übung – und unter der Voraussetzung, daß man sich gleichmäßig viel mit den beiden Medien beschäftigt, die man da vertauscht – mag es annähernd möglich sein.

Doch worin bestehen die Veränderungen der Hörgewohnheiten selbst jener Musiker und Musikfreunde, die meinen, für sie stelle die Schallplatte nur ein notwendiges, weil informierendes, sorgfältiges Studium ermöglichendes Akzidenz zum entscheidenden Konzerteindruck dar? Darüber, daß die Akustik nicht die gleiche ist wie im Konzertsaal, daß technisch bestochen oder gemogelt oder auch verfehlt werden kann, ließe sich rasch Einigkeit herstellen. Einigkeit dürfte auch darüber zu schaffen sein, daß die Wiederholbarkeit der Schallplatte etwas am Charakter des Hör*erlebnisses* ändert.

Paradoxerweise verändert sich aber auch ein Element, das doch als einziges nachweisbar konstant zu bleiben scheint: nämlich die Zeit. Schallplattenhörzeit und Konzerthörzeit sind genauso unterschiedlich wie physikalische Zeit und Erlebniszeit – wenn auch nicht in dem Sinne, daß man die Schallplatte etwa weniger »intensiv« erlebt. Worin liegt der Unterschied? Furtwängler und Fischer benötigen doch für Beethovens Es-Dur-Konzert sowohl auf dem Podium wie auch auf der Platte die gleichen 38 Minuten und 25 Sekunden (zumal wenn die Platte ein Konzertmitschnitt ist). Von dem Problem, daß viele Interpreten tatsächlich andere Tempi wählen (meist raschere!), wenn sie langsame Sätze auf Platten einspielen, wollen wir absehen. Denn der Unterschied besteht auch dann, wenn die jeweiligen Aufführungen gleich lang sind.

Fangen wir mit einer ganz simplen Erfahrung an: Ein Konzert, das man am Abend zwischen acht und halb elf erlebt hat, verkürzt sich staunenerregend, wenn man sich danach zu Hause das soeben gehörte Programm noch einmal von Platten vorspielt. Tüchtige, leidenschaftliche Schallplattenhörer können an einem Abend ohne weiteres das Programm von drei oder vier Klavierabenden absolvieren. Das Gesamtwerk von Anton von Webern, den viele für den folgenreichsten Komponisten des 20. Jahrhunderts halten, paßt auf vier Langspielplatten. Man beginnt nach dem Abendessen mit Opus 1 und ist noch vor Mitternacht mit der tönenden Essenz eines langen Musikerlebens »fertig«. Es geht uns jetzt nicht um die angeblich stärkere Intensität des Zuhörens im Konzert. Man kann auch der Schallplatte andächtig lauschen, unbelästigt von der zu spät kommenden, mit klirrenden Kettchen, Ringen und Goldmünzen behängten, herzlos gähnenden Nachbarin. Wer weiß, ob man nicht zu Hause genauer, unbestechlicher hinhört, weil man in die Noten schaut und sogar zurückgeht, falls man den Faden verlor.

Der Gegensatz zwischen Konzerthörzeit und Schallplattenhörzeit ist nicht reduzierbar auf Gegensätze wie Konzentration und Zerstreutheit, Erlebnisfähigkeit und Fahrigkeit. Was aber hat es mit der »Isoliertheit« und dem »Gewicht« des jeweiligen Höreindrucks auf sich? Man frage einmal Musikfreunde, die oft in Konzerte gehen und gern Schallplatten hören, nach ihren größten Musikerlebnissen. Wahrscheinlich werden sie nur über leibhaftige Konzerteindrücke reden, wahrscheinlich werden sie gar nicht auf den Gedanken kommen, Schallplatten zu erwähnen. Denn die mit dem Bewußtsein der Nichtwiederholbarkeit gehörte Musikzeit, die Einmaligkeit des Augenblicks ist für uns Sterbliche offenbar Voraussetzung für die Tiefe eines Erlebnisses (ebenso wie für tragisches Verhängnis). Das Bewußtsein: dies alles kann ich noch einmal genauso haben, beschädigt nicht die Konzentration, die Freude, die Andacht – wohl aber die Gewichtigkeit, die mit Recht so genannte »Einmaligkeit« des Eindrucks. In dem Aufsatz »Das Kunstwerk im Zeitalter seiner technischen Reproduzierbarkeit« hat Walter Benjamin den Begriff »Aura« geprägt für alles das, was dem technisch reproduzierten Werk genommen wird. Benjamin hat sich damals nicht gekümmert um die Möglichkeit der Adaption, um die neue Unmittelbarkeit, die entstehen kann, wenn ein und derselbe Mensch versucht, die Mondschein-Sonate zu spielen, wenn er ins Konzert geht, um sie zu hören – und bereit ist, sie von Schallplatten zu vernehmen.

Zur »Einmaligkeit« des Konzerteindrucks gehört aber noch mehr als nur das Bewußtsein von Unwiederholbarkeit. Nämlich: die Bestätigung durch Öffentlichkeit, die Empfindung mitzutun, indem man antwortend, irgendwie steigernd, begeistert, begeisternd oder auch protestierend – dabei ist. Öffentlichkeit und Anwesenheit sind notwendig, damit ein Urteil sich bilde, das nicht mehr Geschmacksurteil eines noch so gebildeten privaten Zuhörers ist.

Alles das, die Minuten des Beifalls, der Vorbereitung, der Entstehung einer kollektiven Reaktion, des beteiligten und erwartungsvollen Pausengespräches, entfällt zu Hause. Darum geht es in den eigenen vier Wänden soviel rascher. Um dieser Einsamkeit zu entfliehen, sind viele Schallplattenfreunde von einer unwiderstehlichen Demonstrationssucht besessen. Sie werden nicht müde, ihre Platten stolz vorzuführen. Sie verhalten sich, als hätten sie sie nicht nur entdeckt, sondern auch gespielt. In Wahrheit suchen sie nach Beglaubigung für ihr Glück. Sie ahnen, daß Bestätigung durch einen oder gar mehrere andere die Platte zwar nicht verbessert, aber dem eigenen Eindruck doch Recht und Dauerhaftigkeit verleiht. So kommt es, daß Schallplattenbesitzer manchmal Anekdotensammlern gleichen. Jeder will selbst zu Wort kommen, nicht dem andern zuhören, sondern vorführen. Mit dem eigenen paradieren, so als wäre es ein Teil des Selbst, was 25 DM gekostet hat.

»Realistische« Musikfreunde – so etwas gibt es, obschon die contradictio in adjecto schwerlich überhörbar ist – werden solche Spekulationen über »Zeit« und »Anwesenheit« eben als »Spekulationen« zurückweisen. Die Existenz von Glühbirnen ändere nichts an der Sonne, werden sie sagen. Unbeeindruckt werden sie fragen, inwiefern man in Konzerten anders zuhöre als vorher. Daß die Schallplatte an Perfektion gewöhnt, besage nichts. Falsche Töne seien seit Orpheus' Tagen falsche Töne. Daß heute auch eine musikalisch gebildete Mittelschicht die falschen Noten zu erkennen gelernt habe, berühre in keiner Weise die Relation richtig – falsch.

Dem wäre folgendes entgegenzuhalten: Die Verfügbarkeit von Schallplatten und der große Schallplattenkonsum (ganz zu schweigen von den vielen tausend Schallplattenstunden, die der Rundfunk sendet, von Bändern und Wiederholungen) haben mittlerweile die Beziehung zwischen – ganz wertfrei seien die Begriffe hier benutzt – »Konserve« und »Natur« umgekehrt. Wer überhaupt an der Schallplattenkultur teilhat, hört höchstwahrscheinlich viel mehr von Platten als vom Podium. Selbst in einer Großstadt müssen viele Jahre vergehen, bis ein interessierter Musikfreund die »Eroica« auch nur fünfmal gehört hat. Wenn er Platten sammelt, genügt dazu ein Winter, ja auch nur ein Monat oder eine Woche, je nach Lust und Laune. Wer einen guten Rundfunkapparat besitzt, kann die Symphonie wahrscheinlich jeden Abend von irgendeinem Programm hören. Ist nun Erwin Stein im Recht, wenn er aus dieser Verfügbarkeit eine gefährliche Präformierung des Hörers ableitet? Stein schreibt: »Studenten und die Hörer von morgen müssen verwirrt werden von der unterschiedlichen Interpretation, die, sagen wir, Toscanini, Weingartner und Furtwängler einer Beethoven-Symphonie angedeihen lassen … Ich will die Beispiele großer Interpreten keinesfalls unterschätzen. Begabte Studenten können viel daraus lernen, aber sie eignen sich doch oft mit den Vorzügen zugleich auch deren Fehler an« (Erwin Stein: »Musik. Form und Darstellung«, München 1964, S. 14).

Diese Gefahr besteht. Platten, mit denen man aufwächst, können an die Stelle der Sache selbst treten. Ich kann mir zum Beispiel den Variationssatz aus Mozarts A-Dur-Sonate kaum mehr anders vorstellen, als Wilhelm Kempff ihn vor Jahrzehnten auf einer Platte spielte. Oder für die große Durchführungsstelle aus dem ersten Satz des Violinkonzertes von Brahms hat mir Ginette Neveu ein für allemal die Ohren geöffnet – beziehungsweise mich eben präformiert. Wer weiß, ob solche bildenden (nicht: Bildungs-)Erlebnisse den Hörer nicht ungerecht machen gegenüber anderen Bemühungen. Doch das gilt ja wohl nicht nur für Schallplattenerfahrung, sondern erst recht für manche Konzerterlebnisse, Lehrer, Freunde, Kindheitserinnerungen und so weiter. Darum ist auch nicht einleuchtend, wie Erwin Stein den Vorwurf der Fixierung zusammendenken möchte mit dem Vorwurf der Verwirrung. Nur die oft grotesken Unterschiede zwischen mehreren Interpretationen sind es doch, die Fixierungen auflösen und den Eindruck musikalischer Vaterfiguren relativieren können.

Man hat sich schon oft darüber Gedanken gemacht, ob nicht die künstlich erzeugte Schallplattenperfektion das Publikum an einen Standard gewöhne, der das Virtuosendasein in unzumutbarer Weise zum Seiltanz mache. Es ist klar: Jemand, der, wie Jürgen Meyer-Josten, nicht weniger als 22 Wiedergaben des Klavierkonzerts a-Moll von Schumann klug miteinander vergleicht (»fono forum«, März 1964, S. 99 ff.), hat sich in eine Situation begeben, die im schlechten Sinne eine »künstliche« ist. Denn vor der Erfindung der Schallplatte war eine Verkettung von Umständen, die dazu führte, daß jemand 22mal dasselbe Stück von verschiedenen Interpreten in ganz kurzem Zeitraum hören konnte oder hören mußte, einfach nicht vorstellbar. Heute sind die Schallplattenzeitungen voll davon. (Ein Pianist, der das Konzert studiert, spielt es gewiß öfter noch als 22mal, aber er gleicht dann einem meißelnden Bildhauer, nicht einem immer wieder hinstarrenden Betrachter.) Natürlich kann sich Meyer-Josten zum Schluß, trotz Gieseking, Lipatti, Richter, Rubinstein, Cortot und vielen anderen, für überhaupt nichts mehr entscheiden. Er beginnt seinen Bericht: »22×(op.) 54=0, so muß ich leider konstatieren, denn die künstlerische Rechnung ging nicht auf, das Resultat ist enttäuschend ... eine für mich in jeder Hinsicht ideale Wiedergabe des Schumannschen Klavierkonzerts habe ich auf Schallplatten noch nicht gehört. Im Konzertsaal allerdings bisher auch nicht.«

Dann charakterisiert der Kritiker alle 22 Aufnahmen und kommt zu einem Fazit, das demonstriert, wohin die freie Verfügbarkeit über Zeit und Raum, die Ubiquität des Schallplattenhörens führen kann. »Schade«, meint Meyer-Josten, »daß es keine Aufnahme des Schumann-Konzertes mit Wilhelm Furtwänger, Edwin Fischer (aus dessen bester Zeit) und den Berliner Philharmonikern gibt. Vielleicht wäre das die ideale Version geworden.« Diese Äußerungen eines professionellen Schallplattenhörers bezeichnen natürlich ein Extrem. Doch am Extrem werden die Konsequenzen am deutlichsten sichtbar. Nehmen wir an, jemand wie Meyer-Josten – also ein ebenso leidenschaftlicher, kritischer, vielseitig erfahrener Schallplattenhörer – gehe in eine Konzertaufführung des Stückes. Wie wird er dem Gebotenen gegenüberstehen?

Ihm wird kein falscher Ton entgehen – genausowenig wie einem Pianisten, der das Stück auswendig beherrscht. Vielleicht wird er jedoch die »Perfektion«, also den Mangel an falschen Tönen, für zu selbstverständlich nehmen. Er hat das Werk nicht geübt. Er weiß nicht, wie schwer es war, das Richtige zu erlernen – und wie leicht dennoch etwas passieren kann.

Anders ausgedrückt: Der Schallplattensammler wird gegenüber dem »Richtigen« um eine Spur zu gleichgültig – und im Hinblick auf die falschen Töne um die gleiche Spur zu anspruchsvoll sein.

Das hat aber eine paradoxe Folge: nicht Überschätzung, sondern die Unterschätzung von manueller Virtuosität. Man ist so sehr ans »Richtige« gewöhnt, daß man es kaum mehr realisiert. Dem entspricht die beim Schallplattenhören kaum mehr in Erscheinung tretende Differenz zwischen Mittelmäßigem und Mittelgutem. Selbst ein schwacher Pianist läßt heute keine Platte mehr herausgehen, auf der allzu viele sinnstörende Fehler stehen – und ein mittelguter Pianist kann auch kaum mehr tun, als das gleiche Konzert musikalisch achtbar und technisch sorgfältig zu spielen. Die Schallplatte läßt die Energie verschwinden, die zur Überwindung technischer Schwierigkeiten geführt hat. Darum wirken auch manuelle Spielereien, wie etwa Stücke nur für die linke Hand, auf der Schallplatte überhaupt nicht (wenn sie nicht musikalisch wirken!). Man sieht ja die Beschränkung nicht, genauso wenig wie man die Anstrengung ermißt, die zur Überwindung dieser Beschränkung führte. Das aber hat eine Konsequenz, von der sich die Verächter der Schallplatte nichts träumen lassen. Virtuosität, die im Konzert oft genug als reiner Kraftakt (mit Recht) Bewunderung hervorruft, bleibt auf der Schallplatte gleichgültig, wenn sie nicht darüber hinaus etwas ausdrückt. Wenn sie nicht einsteht für ein zwingendes Temperament, ein strahlendes Lebensgefühl, eine hochfahrende Anspannung der Seele.

Ernst Pöppel

Zeit – In einem Gestrüpp von Unklarheiten

Manche Tätigkeiten sind gefährlich, auch geistige. Eine gedankliche Auseinandersetzung mit dem Thema Zeit endet offenbar immer in Ratlosigkeit. Vertieft man sich in naturwissenschaftliche Analysen (insbesondere der Physik), versucht man geisteswissenschaftliche Betrachtungen nachzuvollziehen (insbesondere der Philosophie) oder erlebt man, wie das »Geheimnis« Zeit literarisch behandelt wird, gerät man, nimmt man alles zusammen, in einen Zustand zunehmender Verwirrtheit. Eine naturwissenschaftliche oder philosophische Analyse mag einleuchten, doch nimmt man die nächste zur Hand, überzeugt diese auch, sagt aber etwas ganz anderes. Ein Gedicht mag in einem Augenblick ein Lebensgefühl erfassen, etwas klären, da es in diesem Augenblick Entscheidendes über die Eigenzeit erkennen läßt – und dann ist es zu einem anderen Zeitpunkt völlig stumm. Sucht man nach jener *einen* Zeit in den zahlreichen Gedanken und Bildern, die sich seit dem Beginn der Zeiten vor uns ausbreiten, man wird sie nicht finden. Es ist, als ob wir es bei der Zeit mit einem Thema zu tun hätten, das sich gedanklich nicht bezwingen läßt, das sich der Klarheit entzieht, das – vielleicht – für unser Nachdenken zu schwierig ist. Dennoch – im wiederholten, doch illusionären Gefühl der Kraft eigener Gedanken wagt sich so mancher an die Zeit und jene mit Zeit verbundenen Fragen. Was sind dies für Fragen, die vor allem auch den Hirnforscher faszinieren?

Zum Beispiel: Was ist Gegenwart? Ist Gegenwart der ausdehnungslose Schnitt zwischen dem Kommenden und dem Gewesenen, zwischen Zukunft und Vergangenheit? Oder ist Gegenwart ein ausgedehnter Zeitraum in unserem Erleben, in dem sich wie in einem Rahmen Erwartungen oder Erinnerungen ausbreiten? Wenn Gegenwart *eine* Bedeutung hat, dann kann nicht beides richtig sein, denn Gegenwart kann nicht zugleich ausgedehnt *und* unausgedehnt sein. Hat das Wort Gegenwart aber möglicherweise viele Bedeutungen, und wir haben es bei dieser Frage nach der Gegenwart vielleicht (nur) mit einem sprachlichen Problem zu tun?

Oder eine andere Frage: Warum kann die Dauer gleicher Zeitabschnitte verschieden lang erlebt werden? Eine Stunde wartend kann ewig währen, eine Stunde liebend zu schnell vergehen. Redet man selber, vergeht die Zeit wie im Fluge; hört man jemandem zu, dehnt sich die Zeit gerne in die Länge. Was heißt »warten«, wie entsteht Langeweile, und was ist der Grund für die Atemlosigkeit der Zeit? Wie entsteht Hektik, und wie ist Ruhe möglich? Und warum reagieren wir gereizt, wenn Eindrücke zu schnell oder zu langsam aufeinanderfolgen? Wie kommt es, daß wir selten an die Zeit denken, daß dann aber plötzlich der Gedanke über uns hereinbricht, daß die Zeit vergeht, daß wir in der Zeit sind. Im »Rosenkavalier« schreibt Hugo von Hofmannsthal: »Die Zeit, die ist ein sonderbares Ding. Wenn man so hinlebt, ist sie rein gar nichts. Aber dann auf einmal, da spürt man nichts als sie … Manchmal stehe ich auf, mitten in der Nacht, und laß die Uhren alle stehen.«

Welche Bezüge gibt es zwischen Zeit und Bewegung? Wie ist es möglich, daß wir die Bewegung eines Gegenstandes erkennen, wenn er sich gegenüber dem starren Hintergrund zu bewegen beginnt? Wie würde eine völlig bewegungslose Welt empfunden werden – könnte sie überhaupt empfunden werden? Was geschieht, wenn in der Musik ein langsames oder schnelles Tempo gespielt wird und dadurch unsere Gefühle unterschiedlich »bewegt« werden? Warum verwenden wir das Wort *Bewegung* sowohl für ein Geschehen in der Welt des Sehens wie auch für unsere Gefühle – hat beides etwas mit Zeit und unserem Umgang mit ihr zu tun?

Wie ist es möglich, verschiedene Ereignisse als gleichzeitig oder aber als aufeinanderfolgend zu empfinden? Müssen Eindrücke hierfür eine bestimmte Dauer haben, um überhaupt bewußt werden zu können? Was ist der Grund dafür, daß ein Gedanke den anderen ablöst und wir nicht stets demselben Gedanken verhaftet bleiben? Und wenn ein Gedanke neu entsteht, was geschieht, damit dieser neue Gedanke einen sinnvollen Bezug zum vorausgegangenen Gedanken hat und sich nicht im ungeordneten Durcheinander von Denkfetzen verliert? Und manchmal geschieht genau dieses, daß unsere Gedanken ihre Verbindungen miteinander verlieren.

Wie hängt die zeitliche Ordnung von Ereignissen, die sich in der Aufeinanderfolge von Gedanken widerspiegelt, mit dem Gedanken oder dem abstrakten Begriff der Aufeinanderfolge zusammen? Die Aufeinanderfolge von Eindrücken ist vermutlich notwendig für die Entstehung des Konzeptes, daß es *Aufeinanderfolge* gibt – aber was muß hinzukommen, damit wir einen Begriff von zeitlicher Folge, von Ordnung in der Zeit haben?

Steht unsere Fähigkeit, Ereignisse in der Zeit zu ordnen und einen Begriff von zeitlicher Ordnung zu haben, in einem Zusammenhang mit *Zahlen*? Woher kommen überhaupt Zahlen, sind sie zeitneutral oder sind sie nur deshalb denkmöglich, weil sie *in* der Zeit sind? Ist unsere Fähigkeit, abzählen zu können, eine notwendige Bedingung dafür, ein Konzept von Zeit zu haben, oder ist es eher umgekehrt, daß wir erst einen Begriff von Zeit haben müssen, der es uns dann ermöglicht, Zahlen zu entdecken oder zu erfinden?

Warum teilen wir die Zeit in drei Domänen, in Vergangenheit, Gegenwart und Zukunft? Was heißt eigentlich vergangen oder zukünftig? Kann man sagen, das Vergangene sei faktisch – was geschehen ist, das ist nicht mehr auslöschbar – und das Zukünftige sei möglich – was geschehen wird, ist unbestimmt, denn es ist ja noch nicht? Wenn wir so denken, sollten wir dann Zeit nicht besser zweiteilen, nämlich in das, was ist – das Gegenwärtige –, und das, was war – das Vergangene –, denn nur diese Domänen sind durch Faktizität gekennzeichnet? Zukunft käme bei einer solchen Zweiteilung von Zeit also nicht vor, denn wenn wir an das Ende der Zeiten denken, wenn wir den Tod vor Augen haben, dann meinen wir dies, daß es Zukünftiges nicht mehr gibt, aber Vergangenes und Gegenwärtiges gab und gibt. Oder sollte man vielleicht nur von *einer* Domäne der Zeit sprechen, nämlich der Gegenwart? Denn ist es nicht tatsächlich so, daß nur die Gegenwart *ist* und Vergangenheit und Zukunft aus der Gegenwart heraus gedacht, vielleicht sogar konstruiert werden?

Was meinen wir, wenn wir von der Ewigkeit sprechen? Bedeutet Ewigkeit unendliche Zeitdauer, oder bedeutet Ewigkeit nicht eher Unzeitlichkeit? Wenn das Weltall einen Beginn hatte und ein

Ende haben wird, dann kann Ewigkeit nicht unendliche Zeitdauer bedeuten, weil mit dem Beginn der Welt und ihrem Ende auch die Zeit beginnt und dann wieder aufgelöst wird. Deshalb sollten wir vielleicht die Ewigkeit mit dem Gedanken der Unzeitlichkeit in Verbindung bringen, und dann mag uns ein Gedanke von Ludwig Wittgenstein aus dem »Tractatus logico-philosophicus« trösten: »Wenn man unter Ewigkeit nicht unendliche Zeitdauer, sondern Unzeitlichkeit versteht, dann lebt der ewig, der in der Gegenwart lebt.«

Wie entsteht in unserem Erleben der Eindruck einer Richtung der Zeit, daß also Zukünftiges gegenwärtig wird und in die Vergangenheit entlassen wird? Oder schiebt sich etwa die Gegenwart voran und nimmt der Zukunft Zeit weg? Haben wir überhaupt ein unmittelbares Gefühl von Zeitrichtung, oder ist dies nicht vielmehr eine gedankliche Konstruktion oder Rekonstruktion, der unmittelbaren Anschauung fremd? Hängt die Erfahrung von gerichteter Zeit mit physikalischen Gesetzen zusammen, wie etwa dem zweiten Hauptsatz der Thermodynamik (in einem geschlossenen System wird ein Zustand maximaler Unordnung angestrebt), oder ergibt sich der Eindruck gerichteter Zeit aus der Weise unserer Welterfahrung, wie wir also mit unseren Sinnesorganen Geschehnisse der Welt um uns und in uns erfassen?

Wie entstehen Zeitbegriffe, die insbesondere in der Philosophie und der Physik das abendländische Denken über Zeit geprägt haben? Sind Zeitbegriffe – der klassischen Physik, der speziellen Relativitätstheorie, der Thermodynamik oder der Evolutionstheorie – unabhängig von menschlicher Zeiterfahrung überhaupt denkbar?

Warum suchen wir überhaupt nach *einem* Zeitbegriff, als gäbe es jene *eine* Zeit? Wie wirkt sich hinsichtlich dieser Frage die Arbeitsweise unseres Gehirns aus? Sind unsere Denkwerkzeuge für den Umgang mit dem Problem Zeit geeignet? Versuchen wir vielleicht mit Gewalt etwas zu vereinfachen, was nicht einfach ist? Gibt es denn nicht mindestens einen zweiten Zeithorizont, der etwas ganz anderes erblicken läßt als die Zeitbegriffe, die sich auf die Natur *um uns* beziehen, nämlich jene Zeitbegriffe, die die Zeit des Menschen zu erfassen suchen, unsere gelebte und erlebte Zeit, die wir vergeuden oder nutzen?

Und eine weitere zutiefst beunruhigende Frage: Was veranlaßt uns eigentlich zu sagen, die Zeit fließe regelmäßig, gleichsam mit konstanter Geschwindigkeit, so wie es Isaac Newton in einer berühmten Aussage zu Beginn seines Werkes »Philosophiae naturalis principia mathematica« 1687 formulierte (»Absolute, true and mathematical time, of itself and from its own nature, flows equably without relation to anything external – Die absolute, wahre und mathematische Zeit fließt aus sich selbst heraus gleichförmig ohne Bezug zu etwas Äußerem«)? Woher wissen wir, daß die Zeit kontinuierlich und homogen fließt? Könnte es nicht auch sein, daß selbst innerhalb eines physikalischen Bezugssystems Zeit ihr Tempo gelegentlich wechselt? Daß wir dies nicht meinen, also Homogenität der Zeit annehmen, kennzeichnet unseren tiefen Glauben an die Gültigkeit der Beschreibung der Welt, der Erfassung der Wirklichkeit, durch physikalische Gesetze.

Fließt die Zeit überhaupt, wie es Robert Musil in einem Bild im »Mann ohne Eigenschaften« veranschaulicht? »Der Zug der Zeit ist ein Zug, der seine Schienen vor sich herrollt. Der Fluß der Zeit ist ein Fluß, der seine Ufer mitführt. Der Mitreisende bewegt sich zwischen festen Wänden auf festem Boden; aber Boden und Wände werden von den Bewegungen der Reisenden unmerklich auf das lebhafteste mitbewegt.« Könnte Zeit nicht auch zersplittert sein und sich schrittweise in jene Domäne, die wir Zukunft nennen, hineinpressen? Kleinste Zeitstücke, Quanten, könnten aneinandergereiht sein, und indirekt könnte dann jene Illusion entstehen, die wir als Kontinuität der Zeit ansprechen.

Und es stellt sich auch die Frage, ob diese einzelnen Fragen miteinander zusammenhängen. Gibt es überhaupt *ein* Thema, mit dem wir uns beschäftigen, wenn wir von Zeit sprechen? Ist Zeit vielleicht nur ein irreführendes Wort, das uns zu meinen veranlaßt, es mit *einem* Sachverhalt zu tun zu haben?

Wenn man Fragen wie hier aneinanderreiht, kann man sich auch zu fragen beginnen, was überhaupt Fragen sind. Die grammatikalische Form eines Fragesatzes zu wählen, etwas in Frage zu stellen, heißt noch nicht, etwas Sinnvolles bezüglich eines Sachverhaltes getan zu haben, also eine wirkliche Frage gestellt zu haben. Manche Fragen mögen oberflächlich, manche uninteressant, manche auch abseitig sein. Aber es gibt auch jene Fragen, die gar nicht beantwortet werden können, und dies sind offenbar solche, die sich auf einen abstrakten Sachverhalt beziehen und die mit den Worten »was ist …« beginnen.

Die berühmteste »Was-ist«-Frage im Kontext Zeit stammt von Augustinus aus dem Elften Buch der »Bekenntnisse«: »Quid est ergo tempus? Si nemo ex me quaerat, scio; si quaerenti explicare velim, nescio. – Was also ist die Zeit? Wenn niemand mich danach fragt, weiß ich es; wenn ich es jemandem auf seine Frage hin erklären will, weiß ich es nicht.« Fragen nach der »Washeit«, der quidditas, einer Sache enden offenbar immer in Ratlosigkeit (Pöppel 1983). Es erscheint im übrigen, als verwende Augustinus den Begriff *Wissen* in seiner berühmten Frage in zwei Bedeutungen, zum einen als implizites Wissen (ein Ahnen) und zum anderen als explizites, verbal verfügbares Wissen. Können wir davon ausgehen, daß beide Begriffe von Wissen scharf aufeinander abgebildet werden können – vielleicht ist dies gar nicht möglich? Die so einfach klingende Frage von Augustinus und sein Kommentar dazu führen zu einer neuen Frage über menschliches Wissen und die möglichen Weisen von Wissens-Verfügbarkeit.

Diese vielen Fragen, die Naturforscher und Geisteswissenschaftler bewegt haben und die bisher nicht eindeutig beantwortet werden konnten, lassen vermuten, daß klare Antworten zu Zeitfragen auch heute nicht zu erwarten sind. Wer sich an der Zeit versucht, muß gewärtig sein, sich nur am Rande zu bewegen, Schwierigkeiten zu begegnen, um zum Kern vorzudringen, so durchdringend die Denkbemühungen auch sein mögen. Diese vielleicht mit Bedrückung verbundene Einsicht sollte aber nicht lähmen, um nicht dennoch mit Mut eine Übersicht zu suchen oder zu gestalten – eingedenk der Tatsache, vielleicht nur wenig verrichten und die sogenannten *großen Fragen* gar nicht berühren zu können. Ein solches Ordnen ist dennoch notwendig, vielleicht sogar existentiell; mit dem Ordnen, dem Strukturieren einer gedanklichen Landschaft, die uns Übersicht erlaubt, geben wir uns Orientierung.

Robert M. Sapolsky
Streßbewältigung

Diese Untersuchungen liefern ein paar einfache Lösungen für die Bewältigung von Streß, deren Umsetzung im Alltag alles andere als einfach ist. Sie unterstreichen die Wichtigkeit, sich ein Gefühl von Kontrolle und Vorhersagbarkeit zu verschaffen, Ventile für Frustration, soziale Bindungen, den Eindruck, daß es mit einem aufwärts geht. De facto sind die Pflegeheim- und Schmerzstudien ermutigende Meldungen von der vordersten Front in diesem Ringen um Bewältigung. Ihre simple, kraftspendende, befreiende Botschaft: Wenn die Manipulation dieser psychologischen Variablen unter diesen belastenden Umständen funktionieren kann, dann sollte dies um so mehr für die trivialeren psychischen Stressoren gelten, mit denen wir es im Alltag zu tun haben.

Dies ist die Botschaft, die in Streßmanagement-Seminaren, Therapiesitzungen und den vielen Büchern über dieses Thema verbreitet wird. Übereinstimmend wird darin die Wichtigkeit betont, Mittel zu finden, sich in schwierigen Situationen zumindest einen gewissen Grad an Kontrolle zu verschaffen; schlimme Situationen als Einzelfälle zu betrachten und nicht als dauernden und universellen Zustand; sich geeignete Ventile für Frustration und Quellen der sozialen Unterstützung und des Trostes in schweren Zeiten zu suchen. Aber die solide Literatur zu diesem Thema macht einem auch klar, daß die Geschichte nicht so einfach ist. Es ist wichtig, sich nicht mit der Schlußfolgerung zufriedenzugeben, wenn es um die Beherrschung und Reduzierung psychologischer Stressoren geht, bestehe die Lösung prinzipiell in mehr Kontrolle, mehr Vorhersagbarkeit, mehr Ventilen und mehr sozialer Bindung.

Soziale Bindung ist nicht immer die Lösung bei seelischen Erschütterungen. Wir alle kennen genügend Menschen, auf die wir in Zeiten seelischer Not um keinen Preis angewiesen sein möchten. Wir können uns seelische Belastungszustände vorstellen, in denen das Zusammensein mit *jedem Menschen* unser Befinden verschlechtern würde. Auch physiologische Untersuchungen haben dies bestätigt. Wenn man ein Nagetier oder einen Primaten nimmt, die allein untergebracht waren, und sie einer sozialen Gruppe hinzugesellt, ist das typische Ergebnis eine massive Streßreaktion. Im Fall von Affen kann diese wochen- oder monatelang andauern, während die Tiere angespannt herauszufinden versuchen, wer wen in der sozialen Hierarchie der Gruppe dominiert.[1] Bei einer anderen Demonstration dieses Prinzips wurden Affenjunge von ihren Müttern getrennt. Wie vorauszusehen, hatten sie beträchtliche Streßreaktionen mit erhöhtem Glukokortikoidspiegel. Dieser Anstieg konnte verhindert werden, wenn das Junge einer sozialen Gruppe von Affen hinzugesellt wurde – aber nur, wenn das Junge diese Tiere bereits kannte. Von Fremden hat man wenig Tröstung zu erwarten.

Selbst nachdem die Tiere einander nicht mehr fremd sind, ist im Schnitt die Hälfte der Mitglieder jeder sozialen Gruppe sozial dominant gegenüber einem bestimmten Individuum, und viele dominante Tiere um sich zu haben ist in schwierigen Zeiten nicht unbedingt ein Trost. Selbst intime soziale Bindung ist nicht immer hilfreich. In dem Kapitel über Psychoimmunität haben wir zwar gesehen, daß eine Ehe mit besseren gesundheitlichen Parametern aller Art einhergeht. Zu dieser allgemeinen Regel gibt es jedoch eine naheliegende, aber wichtige Ausnahme: *Schlechte* Ehen schwächen das Immunsystem.

Auch ein erhöhtes Maß an Vorhersagbarkeit und Information über die Zukunft ist nicht in jedem Fall günstig. Wie im 10. Kapitel bemerkt, zieht man geringen Nutzen aus voraussagenden Informationen über sehr häufige Vorkommnisse (weil sie im Grunde unvermeidlich sind) und sehr seltene Ereignisse (weil man sich

1 Vor einigen Jahren hat die amerikanische Regierung neue Richtlinien zur Verbesserung des seelischen Wohlbefindens von Primaten vorgeschlagen, die in der Forschung verwendet werden; eine gutgemeinte, aber uninformierte Anregung bestand darin, die während einer Untersuchung allein untergebrachten Affen mindestens einmal wöchentlich eine gewisse Zeit in einer Gruppe von Artgenossen verbringen zu lassen. Genau diese soziale Situation war jahrelang als ein Modell von chronischem sozialen Streß studiert worden, und es war klar, daß diese Bestimmung alles andere bewirken würde, als das seelische Wohlbefinden dieser Tiere zu verbessern. Zum Glück wurden die vorgeschlagenen Bestimmungen nach der Stellungnahme von Fachleuten abgeändert.

darüber ohnehin keine Sorgen macht). Es nützt einem auch wenig, solche Informationen ein paar Sekunden vor Eintritt eines schlimmen Ereignisses zu erhalten (weil einem keine Zeit bleibt, den psychischen Vorteil zu nutzen, sich innerlich wappnen zu können) oder allzu lange vor dem Ereignis (denn wer macht sich da schon Sorgen darüber?).

In manchen Fällen können prädiktive Informationen die Dinge sogar verschlimmern – zum Beispiel, wenn einem die Information wenig sagt. Nehmen wir an, Sie sind fürchterlich nervös wegen einer bevorstehenden wichtigen Prüfung, und ein Freund gibt Ihnen heimlich einen Tip: »Ich habe gerade gehört, daß die dich hart rannehmen wollen, daß sie dir wirklich die Hölle heißmachen werden.« »Wie denn?« »Ich weiß nicht, das habe ich nicht mitgekriegt.« Ich wage zu behaupten, daß die meisten von uns durch diese zusätzliche Information eher mehr als weniger ins Schlottern kommen würden.

Auch ein Übermaß an Informationen kann belastend sein. Einer der Orte, die ich gegen Ende meines Studiums am meisten fürchtete, war die Theke mit den »neuesten Nummern« in der Bibliothek, wo sämtliche in der Vorwoche eingetroffenen wissenschaftlichen Fachzeitschriften, Tausende von Seiten stark, auflagen. Wir Studenten schlichen darum herum und kämpften mühsam unsere Angst nieder. All diese verfügbaren Informationen schienen unser Gefühl von Kontrollverlust nur noch zu verstärken – wir fühlten uns unwissend, abgehängt, isoliert und überwältigt.

Das Gefühl von Kontrolle zu manipulieren ist wahrscheinlich die zweischneidigste Variable bei psychischem Streß. Ein zu ausgeprägtes Gefühl von Kontrolle kann lähmend sein, ob dieser Eindruck richtig ist oder nicht. Dazu zwei unterschiedliche Beispiele.

Im Laufe seines Medizinstudiums begann ein Freund sein chirurgisches Praktikum. Am ersten Tag ging er nervös und ohne Ahnung, was ihn erwartete, in den ihm zugewiesenen OP-Saal und stand hinter einer Traube von Ärzten und Schwestern, die eine Nierentransplantation durchführten. Nach einigen Stunden wendet sich plötzlich der Chefoperateur an ihn: »Ach, Sie sind der neue Medizinstudent, gut, kommen Sie her, nehmen Sie diesen Wundhaken, halten Sie ihn genau hier, ganz ruhig, prima.« Die Operation nahm ihren Fortgang; mein Freund wurde ignoriert, während er sich mühsam in der unbequemen Stellung zu halten versuchte, in die ihn der Operateur versetzt hatte, in einem Winkel vorgelehnt, einen Arm zwischen den Umstehenden eingeklemmt, das Instrument haltend, ohne sehen zu können, was geschah. Stunden vergingen. Ihm wurde schwummrig, durch die Anspannung des Stillhaltens war er einer Ohnmacht nahe. Er merkte, daß er zu schwanken begann, daß sich die Augen zwischendurch schlossen – da tauchte der Operateur vor ihm auf. »Rühren Sie keinen Muskel, sonst versauen Sie alles!« Wachgerüttelt, in Panik und der Übelkeit nahe, hielt er den Haken mit letzter Kraft umklammert … um endlich zu erkennen, daß das Ganze samt der Drohung »Sie versauen alles« ein übler Streich war, den man jedem neuen Praktikanten spielte. Im Glauben, für das Überleben des Patienten mitverantwortlich zu sein, hatte er die ganze Zeit krampfhaft ein Instrument über irgendeinem irrelevanten Körperteil gehalten, während es faktisch gar nicht auf ihn ankam. (Er wählte später eine andere medizinische Fachrichtung.)

Das zweite Beispiel betrifft eine der schwersten psychischen Belastungen, die man sich vorstellen kann. Es widerfuhr einem einsamen Mann, dem man ein außergewöhnliches Gefühl von Kontrolle über eine Situation verlieh, die einfach durch keinerlei Handlungsweise zu bessern war. Lord Mountbatten überraschte die Welt 1947 mit der Ankündigung, Großbritannien werde sich innerhalb von Monaten aus der britischen Herrschaft über Indien zurückziehen und der indische Subkontinent werde seine Unabhängigkeit viel früher als erwartet bekommen. Was sollte mit den hinduistischen und muslimischen Populationen geschehen – zwei verschiedene Kulturen, zwischen denen es seit Jahrhunderten vor Spannungen brodelte? Man traf die fürchterliche Entscheidung, den Subkontinent in zwei Länder, das hinduistische Indien und das muslimische Pakistan, aufzuteilen.

Wo würde die Grenze gezogen werden? Endlos wurden undurchführbare Lösungen durchgespielt und verworfen, bis sich alle darauf einigten, einen Außenstehenden als Schiedsrichter einzuschalten. Der Ruf erging an Sir Cyril Radcliffe, einen englischen Staranwalt, der für seine Brillanz und Fairneß, vor allem aber für sein totales Desinteresse am indischen Subkontinent und seine Unwissenheit darüber bekannt war. Nachdem man ihn bei seiner imperialen Ehre gepackt und unter äußersten Druck gesetzt hatte, wurde er auf schnellstem Wege nach Indien expediert und bekam sieben Wochen Zeit, um über das Schicksal von 88 Millionen Menschen und ein Territorium von 40000 Quadratkilometern zu entscheiden, gestützt auf unzuverlässige Landkarten und unzuverlässige Berater, wobei jeder Inder, der ihm über den Weg lief, ihn verzweifelt anflehte, ihn beschwor oder ihm drohte, die Grenze an einer bestimmten Stelle zu ziehen.

Wochenlang arbeitete Radcliffe und versuchte, den Grenzverlauf aufgrund von Volkszugehörigkeit, aufgrund von Topographie und aufgrund wirtschaftlicher Erwägungen zu bestimmen. Sollte er eine landwirtschaftliche Region von ihrem Bewässerungssystem trennen oder ein muslimisches Dorf gestrandet im hinduistischen Indien hinterlassen? Sollte er eine Fabrik und den Hafen, der zur Verschiffung ihrer Produkte diente, von den Straßen abschneiden, über die die Rohstoffe herangeschafft wurden, oder eine heilige Stadt der Hindus der Kontrolle durch das islamische Pakistan überantworten? Unter aberwitzigem Zeitdruck und zunehmenden Gewaltdrohungen zog er, in einer Villa verschanzt, fünfzig Kilometer Grenzlinie am Tag. Er war überzeugt, was auch immer er tat, es werde sich in einem Land als Desaster erweisen, das zu heterogen war, um sich je friedlich teilen zu lassen, und zu feindselig und zerstückelt, um friedlich als Einheit überleben zu können. Nach Beendigung seiner Aufgabe kehrte er als meistgehaßter Mann des Subkontinents unter militärischem Schutz nach Hause zurück.

Der von Radcliffe gezogenen Linie folgte eine der größten Tragödien in der Geschichte des Kontinents, da zehn Millionen Menschen gezwungen waren, aus dem Land ihrer Vorfahren in eine neue nationale Heimstätte zu fliehen. Zwischen 200000 und 500000 Menschen wurden in ethnischen und religiösen Kämpfen massakriert. In Momenten der Selbstüberhebung mögen sich manche von uns die Chance wünschen, über das Leben von 88 Millionen Menschen entscheiden zu können – aber solche Wünsche sollte man sich speziell dann verkneifen, wenn das Gefühl von Kontrolle eine Illusion ist und jede Entscheidung, die man trifft, zwangsläufig in die Katastrophe führt. Ist es psychologisch nicht alles andere als tröstlich zu glauben, daß man das Unkontrollierbare kontrollieren kann?

Doch erstaunlicherweise öffnet uns die Geschichte von Cyril Radcliffe nicht nur für die Gefahren eines illusorischen Gefühls von Kontrolle die Augen, sondern auch über die enorme Bandbreite der individuellen Reaktionen auf Streß. Offenbar hatte Mountbatten den einzigen Menschen gefunden, der imstande war, diese unmögliche Aufgabe auszuführen und mit ihren Belastungen fertigzuwerden, scheinbar absolut unberührt von den menschlichen Dramen. (Vielleicht fand der britische Gentleman Radcliffe aber auch bloß, daß irgendwelche Emotionen, die er haben mochte, die Welt nichts angingen.) In einem Buch mit Radcliffes juristischen und politischen Essays ist eine Rundfunkrede enthalten, die er im Oktober 1947, ein paar Monate nach seiner Rückkehr und der Gewährung der Unabhängigkeit, über die BBC hielt. Es war ein Monat, in dem die britischen Nachrichten beherrscht wurden von gräßlichen Berichten über ein Massaker nach dem anderen, über Moslems, Hindus und Sikhs, die einander abschlachteten, über Massenvergewaltigungen, über Dörfer, deren Bewohner allesamt in ihren Hütten verbrannten, über rituelle Verstümmelungen von Opfern: all dies inmitten von Kolonnen sterbender Flüchtlinge, die sich mit letzter Kraft in ihre neuen Länder schleppten. Und worüber sprach Radcliffe? Über die großartigen Wertbegriffe und Maßstäbe der britischen Beamten, die im Laufe der Jahrhunderte in Indien gedient hatten; er beklagte, wie wenig Kunst und Literatur es gab, in denen ihrer gedacht wurde. Um W. H. Audens Gedicht »Teilung« zu zitieren:

In seven weeks it was done, the frontiers decided,
A continent for better or worse divided.
The next day he sailed for England, where he quickly forgot
The case, as a good lawyer must. Return he would not,
Afraid, as he told his Club, that he might get shot.

Man erinnere sich schließlich an die Erörterung im 9. Kapitel über die Zusammenhänge zwischen psychologischen Faktoren und Krebs. Tatsächlich gibt es eine Verbindung zwischen beidem – bestimmte Formen von emotionalem Streß scheinen beim Menschen mit erhöhtem Krebsrisiko und bei Versuchstieren mit beschleunigtem Tumorwachstum einherzugehen –, aber diese

Verbindung ist eher schwach. Es ist ganz sicher ein Unding, Krebspatienten oder ihren Angehörigen unter Mißdeutung der Aussagekraft dieser Studien vorzugaukeln, wir hätten größere Möglichkeiten der Kontrolle über Ursachen und Verlauf von Krebserkrankungen, als es den Tatsachen entspricht. Wer dies tut, der vermittelt den Krebsopfern und ihren Familien bloß den Eindruck, sie seien selbst an ihrer Krankheit schuld, was weder der Wahrheit entspricht noch geeignet ist, in einer ohnehin schon belastenden Situation Streß zu reduzieren.

Kontrolle ist nicht immer psychologisch vorteilhaft, und ein Prinzip von gutem Streßmanagement kann nicht einfach darin bestehen, den Eindruck von Kontrolle über das eigene Leben zu vergrößern. Es kommt darauf an, welche Konsequenzen dieser Eindruck hat, wie wir im 10. Kapitel gesehen haben. Ist es streßmindernd, ein Gefühl von Kontrolle zu haben, wenn etwas Negatives geschieht? Wenn man denkt, »hm, das war schlimm, aber stellt dir vor, um wieviel schlimmer es gewesen wäre, wenn ich es nicht hätte steuern können«, dann bewahrt einen dieser Eindruck von Kontrolle sicherlich davor, sich noch gestreßter zu fühlen. Wenn man jedoch denkt, »was für eine Katastrophe, und das ist alles meine Schuld. Ich hätte es verhindern sollen«, dann wirkt sich dieses Gefühl von Kontrolle schädlich aus. Diese Dichotomie läßt sich für den Fall, daß einem etwas Belastendes widerfährt, etwa in die folgende Regel übersetzen: Je katastrophaler ein Stressor, desto schlimmer ist es, zu glauben, daß man ein gewisses Maß an Kontrolle über den Ausgang hatte, weil es einen zwangsläufig dazu verleitet, darüber nachzugrübeln, was man sich alles hätte ersparen können, wenn man nur mehr getan hätte. Ein Gefühl von Kontrolle funktioniert am besten bei leichteren Stressoren. (Man beachte, daß dieser Rat das Gefühl von Kontrolle betrifft, die man *zu haben glaubt*, im Gegensatz zu der Kontrolle, die man tatsächlich hat.)

Michael Stegemann
Biedermeier-Idylle?

Montag, 6. März 1815

Warum ich im »Credo« das »Patrem omnipotentem« weggelassen hab, willst' wissen? Weil's net wahr ist – darum: Weder ist Gott »allmächtig«, noch ist er unser »Vater«: ein Narr, wer's glaubt!

Brauchst dich doch bloß einmal umzuschaun: »Et in terra pax hominibus«? Daß ich nicht lache! Solang er auf Erden lebt, find't er alles, der Mensch – nur kein'n Frieden: Krieg und Seuchen, Mord und Totschlag, Elend, Hunger und Not – wo'st immer auch hinguckst, herrscht ein allgemeines Krepieren! Das wär ein schöner »Vater«, der's zuließe, daß es seinen »Kindern« so schlimm ergeht! Und gar »allmächtig« soll er sein? Das hieß' ja am End, daß er's *absichtlich* geschehn ließe! Daß er's wohl ändern könnt, aber nicht ändern *will*! Daß es ihm womöglich egal ist! Wenn es so wär – wenn es wirklich so wär, müßt *er uns* bitten, daß wir ihm *seine* Schuld vergeben, statt daß es heißt »dimitte nobis debita nostra«.

Das sei Blasphemie, sagst? Die Wahrheit is es – die ganze, bittere Wahrheit!

's ist übrigens nicht das einz'ge, was ich fortgelassen hab – hier, siehg'st, das fehlt *auch*: »Credo in unam sanctam catholicam et apostolicam Ecclesiam«. An die glaub ich nämlich auch net, an die »eine, heilige, katholische und apostolische Kirche«! Geh mir weg mit dem verdammten Bonzen- und Pfaffengeschlecht – Luder und Kanaillen einer wie der andere! Oh, wenn ich sie schon seh, diese befrackten, bigottischen Mistviecher – dumm wie ein Erzesel und roh wie ein Büffel –, die sich den fetten Wanst streichen und uns weismachen woll'n, das Wort Gottes zu verkünden! Hunger hast'? Gottes Wille – also füg dich und schweig! Dein Kind ist tot? Hader nicht – 's war Gottes Wille! Feuersbrünste und Überschwemmungen, der Hagel, der deine Ernte zerschlägt, der Dieb, der dir's letzte Hab und Gut fortstiehlt – alles Gottes Wille: Versteht sich! Von heut auf morgen wär's um ihre Macht geschehn, wenn das Volk ihnen draufkäm! Aus wär's mit dem satten und bequemen Leben, das sie sich auf unsre Kosten machen! Droben der allmächtige Vater und hier unten die Mutter Kirche – ein schönes Elternpaar! *Das* ist die Blasphemie, sag ich dir!

Und weißt', worauf sie ihre Macht gründet, die Kirche? Einzig und allein auf Angst und Schrecken! Gerad jetzt im Fasten treiben sie's besonders schlimm, die Pfaffen. Gestern erst stand so einer auf der Kanzel – feist und breit – und reckt einen Totenschädel hoch: »Da seht her, ihr pukerschäkigten G'friser, so werdet ihr einmal aussehn! Kehrt um! Tut Buße! Fürchtet Gott! Morgen schon kann's zu spät sein!« Und wenn schon – mir machen sie damit *keine* Angst! Wenn es einst dahin kommt, daß man mich in einer Kist'n hinausträgt auf den Kirchhof – dann ist es eben aus, aus und vorbei! Kein Himmel, keine Hölle, kein Fegfeuer – nix mehr! Tot und gewesen ... »Et exspecto resurrectionem ...«? Weg damit! *Ich* jedenfalls erwarte *keine* Auferstehung. Und wenn ich hundertmal das »Credo« komponieren würd: *die* Verse *nicht* – nie und nimmer, das schwör ich dir!

Und wenn ich's recht bedenke, ist eigentlich schon der erste Vers zuviel: »Credo in unum Deum«? Schön wär's, wenn man »an den einen Gott« glauben könnte ...

Na, graust es dir, daß't mit so ei'm Ketzer wie mir umgehst? Und daß so einer wie ich Messen schreibt? Da, schau her: Siehg'st das Kreuz? *Daran* glaub ich! Nur daß er heiße Tränen vergießen würd, unser Herr Jesus, wenn er sehn könnt, was in seinem Namen gesündigt wird. Du herrlicher Christus, zu wieviel Schandtaten mußt du dein Bild herleihn! Du selbst das gräßlichste Denkmal der menschlichen Verworfenheit, da stellen sie dein Bild auf, als wollten sie sagen: »Seht! die vollendetste Schöpfung des großen Gottes haben wir mit frechen Füßen zertreten; sollte es uns etwa Mühe kosten, das übrige Ungeziefer – genannt Menschen – mit leichtem Herzen zu vernichten?«

»Filius Patris, miserere nobis ...«

IV. »ICH WILL VERSTEHEN« – EINSICHTEN UND VOR-URTEILE

Hannah Arendt
Politisches Denken ohne Geländer

Morgenthau: Was sind Sie? Sind Sie eine Konservative? Gehören Sie zu den Liberalen? Wo stehen Sie im Rahmen der gegenwärtigen Möglichkeiten?

Arendt: Ich weiß es nicht. Ich weiß es wirklich nicht und habe es nie gewußt. Und ich nehme an, daß ich niemals eine dieser Positionen eingenommen habe. Daß die Linke denkt, ich sei konservativ, ist Ihnen bekannt, und die Konservativen denken manchmal, ich sei links oder ein Außenseiter oder Gott weiß was. Und ich muß sagen, daß mich das völlig kalt läßt. Ich glaube nicht, daß auf diese Weise die wirklichen Fragen dieses Jahrhunderts eine wie auch immer geartete Erhellung erfahren.

Ich gehöre keiner Gruppe an. Die einzige Gruppe, zu der ich gehörte, waren die Zionisten. Das war aber natürlich nur wegen Hitler. Und es dauerte von 1933 bis 1943. Danach habe ich mit ihnen gebrochen. Die Zionisten boten die einzige Möglichkeit, sich als Jude und nicht als menschliches Wesen zu wehren – welch letzteres ich für einen großen Fehler hielt, weil man, wenn man als Jude angegriffen wird, sich auch als Jude wehren muß. Man kann nicht sagen: Entschuldigen Sie, ich bin nicht Jude, ich bin ein menschliches Wesen. Das ist töricht. Und ich war von dieser Art von Torheit umgeben. Es gab keine andere Möglichkeit, also ging ich in die jüdische Politik – nicht wirklich die Politik –, ich ging in die Sozialarbeit und war dadurch irgendwie auch mit der Politik verbunden. – Ich war niemals Sozialistin. Ich war niemals Kommunistin. Ich habe einen sozialistischen Familienhintergrund. Meine Eltern waren Sozialisten. Ich selbst jedoch nie. Niemals habe ich derartiges gewollt. So kann ich die Frage nicht beantworten.

Ich gehörte niemals zu den »liberals«. Das vergaß ich zu erwähnen, als ich sagte, was ich nicht gewesen bin. Dem Liberalismus habe ich niemals angehangen. Als ich in dieses Land kam, schrieb ich in meinem sehr unsicheren Englisch einen Artikel über Kafka, und die »Partisan Review« hatte jemanden beauftragt, ihn in richtiges Englisch zu bringen. Als ich deswegen in die Redaktion kam, las ich den Artikel, und da erschien doch tatsächlich das Wort »Fortschritt«! Ich sagte: »Was meinen Sie damit? Ich habe das Wort nicht benutzt« und so weiter. Und dann ging einer der Redakteure zu seinem Kollegen ins Nebenzimmer, ließ mich allein, und ich hörte ihn im Ton der Verzweiflung doch wirklich sagen: »Sie glaubt nicht einmal an den Fortschritt!«

McCarthy: Welchen Standpunkt vertreten Sie bezüglich des Kapitalismus?

Arendt: Marx' großen Enthusiasmus hinsichtlich des Kapitalismus teile ich nicht. Wenn Sie die ersten Seiten des »Kommunistischen Manifests« lesen, so finden Sie hier das größte Loblied auf den Kapitalismus, das Ihnen je unter die Augen gekommen ist. Und dies zu einer Zeit, als der Kapitalismus von der sogenannten Rechten bereits scharf angegriffen wurde. Die Konservativen brachten diese vielen Kritikpunkte als erste auf, die Linken und natürlich Karl Marx haben sie dann später übernommen.

In einer Beziehung hatte Marx vollkommen recht: Die logische Entwicklung des Kapitalismus ist der Sozialismus. Und der Grund dafür ist sehr einfach. Der Kapitalismus begann mit der Ausbeutung. Das ist das Gesetz, das anschließend die Entwicklung determinierte. Und der Sozialismus bringt die Ausbeutung an ihr logisches Ende und bleibt damit in gewissem Sinne ohne mäßigenden Einfluß. Was heute menschlicher Sozialismus genannt wird, meint nicht mehr, als daß diese grausame Entwicklung, die mit dem Kapitalismus begann und im Sozialismus weiterging, irgendwie durch Gesetze abgemildert wird.

Dieser ganze moderne Produktionsprozeß ist tatsächlich ein Prozeß der schrittweisen Ausbeutung. Ich würde mich deshalb immer weigern, eine Unterscheidung zwischen beiden zu machen. Für mich ist es wirklich ein und dieselbe Bewegung. Und in dieser Beziehung hatte Karl Marx vollkommen recht. Er ist der einzige, der es wirklich wagte, diesen neuen Produktionsprozeß zu durchdenken – jene Produktionsvorgänge, die sich in Europa im 17., dann im 18. und schließlich im 19. Jahrhundert allmählich durchsetzten. Und insoweit hat er vollkommen recht. Nur was am Ende dabei herauskommt, ist die Hölle, nicht das Paradies.

Was Marx nicht verstand, war, was Macht wirklich ist. Er verstand diese eindeutig politische Sache nicht. Aber er sah eine Sache, nämlich daß der Kapitalismus, sich selbst überlassen, eine Tendenz hat, alle Gesetze, die seinem grausamen Fortschritt im Wege stehen, außer Kraft zu setzen.

Darüber hinaus muß erwähnt werden, daß der Kapitalismus im 17., 18. und 19. Jahrhundert natürlich von ungeheurer Grausamkeit war. Und dies müssen Sie berücksichtigen, wenn Sie Marx' großes Loblied auf den Kapitalismus lesen. Er war von den abscheulichen Folgen dieses Systems umgeben und dachte trotzdem, daß es sich um eine große Sache handelte. Er war natürlich auch ein Hegelianer und glaubte an die Macht des Negativen. Nun ja, ich glaube nicht an die Macht des Negativen, der Negation, wenn es sich dabei um das schreckliche Unglück anderer Menschen handelt.

Sie fragen mich also, wo ich stehe. Ich stehe nirgendwo. Ich schwimme wirklich nicht im Strom des gegenwärtigen oder irgendeines anderen politischen Denkens. Allerdings nicht deshalb, weil ich so besonders originell sein will – es hat sich vielmehr einfach so ergeben, daß ich nirgendwo so richtig hineinpasse. Diese Sache mit dem Kapitalismus und Sozialismus scheint mir die offensichtlichste Angelegenheit der Welt. Und die Leute verstehen nicht einmal, worüber ich rede, sozusagen.

Ich meine damit nicht, daß ich mißverstanden werde. Im Gegenteil, ich werde sehr gut verstanden. Doch wenn Sie eine solche Sache aufbringen und den Leuten ihre Geländer, ihre sicheren Wegweiser nehmen (wenn diese Leute dann über den Zusammenbruch der Tradition sprechen, aber sich niemals vergegenwärtigen, was das heißt, daß es nämlich bedeutet, daß Sie wirklich allein in der Kälte stehen!), dann kommt es natürlich zu der Reaktion – und das ist mir sehr oft passiert –, daß man einfach ignoriert wird. Und das macht mir nichts aus. Manchmal wird man angegriffen. Aber gewöhnlich werde ich nicht beachtet, weil in meinem gedanklichen Horizont nicht einmal eine nützliche Polemik ausgetragen werden kann. Und Sie können behaupten, daß dies eigentlich meine Schuld ist.

Sie sagten freundlicherweise, daß ich teilnehmen wolle. Ja, das stimmt. Ich will beteiligt sein. Und ich will nicht indoktrinieren. Das stimmt wirklich. Ich will niemanden dazu bringen, das, was immer ich denken mag, zu akzeptieren. Andererseits denke ich, daß es berechtigt ist, mir diese meine Art, wichtige Literatur auf meinem eigenen Fachgebiet nicht zur Kenntnis zu nehmen, an einem bestimmten Punkt vorzuwerfen. Und, nun ja, ich denke nicht viel über das, was ich tue, nach. Das ist für mich total vergeudete Zeit. Ohnehin wird man sich selbst nie kennen. Deshalb ist solches Nachdenken ganz nutzlos. Doch bei meiner Unkenntnis der wichtigen Literatur, da liegt ein echter Fehler und nicht nur eine Unterlassungssünde. Wenn jemand gesagt hätte: Warum lesen Sie die Bücher Ihrer Kollegen nicht? oder: Warum tun Sie das so selten?, hätte das noch tiefer getroffen.

Es gibt noch diese andere Sache, die Draenos [ein Konferenzteilnehmer] vorbrachte. Sie sprachen vom bodenlosen Denken (»groundless thinking«). Ich habe eine Metapher, die nicht ganz so grausam ist und die ich niemals veröffentlicht, sondern für mich selbst behalten habe. Ich nenne das »thinking without bannister«, auf deutsch: »Denken ohne Geländer.« Das heißt, wenn Sie Treppen hinauf- oder hinuntersteigen, dann gibt es immer das Geländer, so daß Sie nicht fallen. Dieses Geländer ist uns jedoch abhanden gekommen. So verständige ich mich mit mir selbst. Und »Denken ohne Geländer«, das ist es in der Tat, was ich zu tun versuche.

Heinrich Blücher
Was soll ich tun?

Für Sokrates gab es drei eng miteinander verbundene Bereiche im Menschen, die nicht wissenschaftlich untersucht werden können – die Beziehung des Menschen zu sich selbst, zu dem Menschen, den er liebt – einem anderen Menschen, den er als Ebenbürtigen anerkennt –, und die Beziehung zur Menschheit als solcher, die die schwierigste von allen ist. Wenn man diese Beziehungen im Geiste der oben genannten Prinzipien verwirklicht, werden die Verhältnisse menschlichen Lebens sich verbessern. Wir haben viele Versprechungen für die Verbesserung menschlicher Lebensbedingungen gehört: wenn man nur die ökonomische Struktur des Landes verändert oder Wissenschaft aufs tägliche menschliche Leben anwendet, wie glücklich wird der Mensch sein! Ich glaube, dieses Jahrhundert hat bewiesen, daß die Menschen es mit all diesen Verbesserungen nur geschafft haben, sich mordsunglücklich zu machen. Der Sozialismus schien zum Beispiel ein hübsches Projekt zu sein, solange er nur eine Theorie war, das gleiche gilt für den Überfluß. Inzwischen haben wir gelernt, daß der Sozialismus (wenn auch nicht notwendigerweise) infernalische Verhältnisse herbeiführen kann, ebenso wie wir gelernt haben, daß Luxus ein Fluch sein kann. Aus Übersättigung und Langeweile, die mit Überfluß Hand in Hand gehen, nehmen die Menschen Drogen, ruinieren und zerstören ihre Wahrnehmungsfähigkeiten – natürlich unter dem Vorwand, sie zu erweitern – und machen sich unfähig, die Wahrheit zu suchen. Sie jagen Erlebnissen nach, die sie niemandem anderen werden mitteilen können, und ruinieren so ihre Sprachfähigkeit. Aber auch dies ist nur eine neue Version einer alten Geschichte. Man könnte sagen, daß die Menschen immer am meisten an Halluzinationen, an Illusionen gelitten haben, denn der Mensch kreiert ständig Illusionen.

Wer immer denkt, daß er weiß, was Gerechtigkeit ist, leidet an einer Illusion, und am besten wird einem das durch die Negation deutlich. Ungerechtigkeit lehrt etwas über die Natur der Gerechtigkeit, so wie man etwas über die Wahrheit gelernt hat, wenn es einem gelungen ist, sich von einer Illusion oder einer Lüge zu befreien. Gerechtigkeit, Wahrheit und »göttliche Angelegenheiten« führen für gewöhnlich ein seltsames Leben; jedesmal wenn man diese Götter verfolgt und ihnen nachjagt, entschlüpfen sie einem aus den Händen. Nicht daß diese »Ideen« nicht-existierend wären: Im Gegenteil, sie sind beständiger, um nicht zu sagen ewiger als fast irgend etwas anderes. Aber um sie zu erfahren, muß man unter ihrer Abwesenheit leiden. In einem Konzentrationslager, unter Bedingungen, wo alles verloren ist, wird ein religiöser Mensch an Gott denken und ein philosophischer Mensch an Freiheit, und beide werden besser verstehen, was sie mit diesen Worten meinen. Dies sind strenge Lehrer, und Sokrates war der erste, der uns auf die rauhe Stimme der Wirklichkeit zu hören lehrte. Denn diese Wirklichkeit stellt die zugrundeliegende Einheit dreier schöpferischer Fähigkeiten des Menschen dar und befähigt ihn, überall Beziehungen herzustellen. Er kann seine Beziehung zur Natur auf tausendfache Weise ruinieren, zum Beispiel indem er die Luft verunreinigt, die er atmen muß. Aber danach kann er vielleicht ein bißchen besser über solche Dinge nachdenken, und dann wird er eine geeignete wissenschaftliche Lösung finden. Dies ist verhältnismäßig einfach. Aber wo kann der Mensch eine Lösung für die Aufgabe finden, festzustellen, was der Mensch sein kann und nicht ist, was niemand ist, aber jeder werden kann, da der Mensch nicht nur ein Wesen ist, sondern ein werdendes Wesen, das einzige so geartete Wesen auf der Welt. Es ist die Aufgabe der Philosophie, den Menschen aus einem bloßen Verstandeswesen in eine verantwortliche Person zu verwandeln, die alle dazugehörigen moralischen oder ethischen Eigenschaften hat. Für alle anderen Fragen, die die Philosophie stellen kann, hatte Sokrates keine Zeit; er hatte keine Zeit für die Natur oder das Universum oder das Sein. Vielleicht hatte er recht; vielleicht hätten wir nicht soviel Zeit mit dem Studium dieser faszinierenden Dinge verbringen sollen und damit, noch faszinierendere Theorien darüber aufzustellen. Vielleicht hätten wir unsere Aufmerksamkeit auf die Qualitäten konzentrieren sollen, die man für die wesentlich menschlichen und humanen Tätigkeiten braucht: Philosophie oder die Beziehung des Menschen zu sich selbst, Erotik oder die Beziehung von Mensch zu Mensch, Politik oder die

Beziehung des Menschen zur ganzen Menschheit. Wenn diese drei Qualitäten nicht miteinander verbunden sind, wenn es jeder erlaubt ist, sich unabhängig von den anderen zu entfalten, wird jede die Macht entwickeln, uns niederzureißen, denn aus jeder heraus kann man bestimmte Erfindungen ableiten, die, sich selbst überlassen, wiederum zu absoluten Postulaten werden, von denen man eine jener von mir erwähnten Ideologien herleiten kann.

Sokrates dachte, wie Sie wissen, er könne es sich nicht leisten, sich für die Natur und die Naturwissenschaften zu interessieren, aus dem einfachen Grunde, weil solche Kenntnisse uns nie etwas zur Beantwortung der Frage lehren könnten: Was soll ich tun? Die Antwort auf diese Frage steht nicht in der Natur; dort können wir nur eine Antwort auf die Frage finden: Was muß ich tun, um am Leben zu bleiben? Und diese Antwort gilt für alle Organismen, für Tiere, Pflanzen und Menschen. Die Frage: Was soll ich tun? stellt nur ein Wesen, das einen Begriff von Freiheit hat. Sie ist von allen möglichen metaphysischen, moralischen und religiösen Systemen beantwortet worden. Die Religion beantwortet die Frage mit: Du sollst, und du sollst nicht, mit Geboten und Verboten, und das ist völlig legitim, denn die Religion ruft höhere Mächte an, und höhere Mächte sind es gewohnt, Befehle zu erteilen. Aber man wird dieselbe Form von Geboten auch in moralischen und metaphysischen Systemen finden, nur daß jetzt die Befehle gebende Stimme aus einem selbst kommt – entweder aus dem Gewissen oder der Vernunft oder dem sittlichen Empfinden. Die Ausnahme von diesem Moralpredigen ist Sokrates, der – obwohl er sich fast ausschließlich mit moralischen Fragen beschäftigte – nie eine Aussage in Form eines Befehls machte. Er ging herum und beobachtete die Menschen, sich selbst ebenso wie die Athener, und versuchte herauszufinden, wer dieses seltsame Wesen, genannt Mensch, eigentlich sei; und er fand heraus, daß der Mensch wirklich böse handeln und wirklich gut handeln kann, obwohl er doch schließlich gar nicht wußte, was gut ist oder böse; nur daß es zwischen beiden einen eindeutigen Unterschied gibt. Dieser Unterschied kann helfen festzustellen, was besser ist und was schlechter ist (»Es ist besser, Unrecht zu leiden als Unrecht zu tun«, und nicht: Es ist gut, Unrecht zu leiden, und böse, Unrecht zu tun). Gut sein bedeutet in diesem Zusammenhang gut *für etwas* zu sein, zum

Beispiel für Wahrheit oder für Gerechtigkeit, und nicht, die Idee eines absoluten Guten zu kennen wie bei Plato. Statt »gut sein für« könnten wir auch sagen, der Wahrheit getreu, der Liebe getreu, der Schönheit, der Frömmigkeit, der Gerechtigkeit getreu – was alles gefährlich sein wird. Strebt nicht nach dem Absoluten!: die Vollkommenheit ist ein Traum, der in euren Herzen lebendig ist, aber die Vollkommenheit ist nicht für Sterbliche, nur vielleicht für die unsterblichen Götter, von denen Sokrates sagte, er wisse nichts über sie. Dies war seine Weisheit, und in der Tat, diese Weisheit ist Tugend – obwohl wir gewöhnlich hören, daß er lehrte, daß Tugend Wissen sei. Tugend und Weisheit gehören zusammen, sie wachsen zusammen – dies ist der sokratische Grundsatz, ein Grundsatz, gemacht für freie Menschen, kein wie auch immer gearteter Befehl; jeder kann ihn annehmen oder auch nicht. Er sagt nicht: du sollst, er sagt: du kannst, du könntest, du darfst. Sokrates ist nicht der Philosoph als König (philosopher-king), sondern der Philosoph als citizen, (philosopher-citizen), der jedem sagt, daß jeder Mensch ein philosophierendes Wesen sein kann und daß niemand ein guter citizen sein kann, das heißt ein politisches Wesen, ohne auch ein Philosoph zu sein.

Um es anders auszudrücken: Was auch immer uns in der Zukunft geschieht, wird von Menschen abhängen, und die Menschheit wird sich nur ändern, wenn die Menschen sich ändern; unser politisches System wird sich nur ändern, wenn die citizens sich ändern. Das bedeutet, bei den Grundlagen anfangen und einen weiten Weg zurücklegen müssen, und ich gebe zu, daß wir es eilig haben, sogar schrecklich eilig. Aber wir könnten jetzt immerhin wissen, daß Abkürzungen nichts nützen und die, die uns erzählen, wir brauchen keine freien Menschen, sondern wir brauchen sozialisierte Menschen, wir brauchen keine Menschen, die selbst denken, sondern wir brauchen Rädchen, die gut funktionieren, daß die nicht nur alle menschlichen Werte zerstört haben, sondern auf dem Wege sind, den Menschen zu zerstören, den Werte-Beurteiler selbst, das einzige Wesen, das Werte in die Welt bringen und sich nach ihnen richten kann. So laßt uns den alten Diskurs wieder anfangen, die Diskussion; laßt uns wieder kritisch und prüfend werden und all die alten Fragen wieder aufwerfen: Was ist Gerechtigkeit, was ist Wahrheit?

Um uns bei dieser Tätigkeit zu helfen, haben wir über Sokrates gesprochen, ihn neu zu interpretieren versucht, versucht, ihn für die Zwecke unseres 20. Jahrhunderts zu gebrauchen, versucht, soviel wie möglich aus ihm herauszuholen. Daß wir so viel aus ihm herausholen konnten, ist bemerkenswert. Sicher, er ist immer noch ein sehr berühmter Mann, aber die größte Ehre, die einem Menschen zuteil werden kann, nämlich von den Dichtern besungen zu werden, ist ihm nicht erwiesen worden. Ihm wurde die zweitgrößte Ehre zuteil – von der Menschheit nie vergessen worden zu sein. Diese Ehre teilt er mit Jesus von Nazareth. Wann immer wir eine neue Philosophie in dem Sinne anfangen müssen, den ich hier dargelegt habe, wann immer wir den Wert unserer Fähigkeiten erneut untersuchen müssen und neue menschliche Verbindungen planen, werden wir auf ihn zurückkommen müssen. Dort liegt die einzige Hoffnung für eine neue Art Humanismus. Um in dieser Richtung tätig zu sein, mag es uns erlaubt sein, alles andere zu vergessen. Die Natur und das Universum zu erklären kann ruhig den Naturwissenschaftlern überlassen werden; sie werden ihr Bestes tun, und obwohl sie das Ende nie erreichen werden, sind sie doch zuverlässig. Uns zu erklären, was Gott von uns will, kann weniger ruhig den Theologen überlassen werden, denn das werden wir nie wissen. Vielleicht brauchen wir eine neue Gottesvorstellung, eine bessere und höhere, als wir sie bisher hatten. Aber ich interessiere mich nicht dafür, was für eine neue Religion die neuen Theologen hervorzubringen haben. Ich interessiere mich nur für diese Tätigkeit, die Sokrates Philosophieren nannte, und die Vorbedingungen für diese Tätigkeit ist politische Freiheit, wie sie es für jede Form höheren Lebens ist; genau diese Tatsache macht uns alle zu Philosophen als citizens (philosopher-citizens) oder sollte uns alle dazu machen. Wir brauchen politische Freiheit mehr als alles andere, denn wir wissen, warum wir sie brauchen und wofür wir sie brauchen. Worauf Sokrates' Lehre letzten Endes hinausläuft, ist, daß der Mensch Freiheit braucht – nicht zum Streben nach Glück, weil kein Mensch herauskriegen kann, was Glück ist, sondern zum Streben nach Weisheit; nicht um weise zu *sein*, sondern um es zu *werden*, ohne es je ganz zu erreichen. Dieser Fortgang im Streben nach bleibenden Zielen hat lange vor dem modernen Fortschrittsbegriff existiert, und in diesem Prozeß ist Sokrates für alle Zeiten ein Führer. Wir können ihm vertrauen, weil er nicht zuviel verspricht, nicht mehr eigentlich, als was jeder wenigstens zum Teil tun kann. Diesen Weg zu gehen wird uns nicht glücklich machen, aber es wird uns das Ausmaß an Befriedigung geben, das ein volles und sinnvolles Leben geben kann. Wir sind nur zu bereit gewesen, das Leben für alle möglichen Sachen zu opfern, die angeblich höher stehen als der Mensch, und das Resultat ist nicht besonders; es ist Nihilismus. Der erste Schritt, um aus dieser Lage herauszukommen, ist, mit dem anzufangen, was Sokrates als erster getan hat: zu philosophieren und zu prüfen, wer der Mensch ist und was er werden kann.

Guy Claxton
Grandiose Selbsttäuschung

Die Überschätzung des Bewußtseins

Sagt jemand, etwas sei seine »zweite Natur«, dann meint er damit etwas, das ihm ganz natürlich, selbstverständlich, gewohnt ist – der gesunde Menschenverstand. Es ist Sache naturwissenschaftlicher wie religiös geleiteter Untersuchung, uns (auf ihre sehr unterschiedliche Weise) immer wieder vor Augen zu führen, inwieweit diese zweite Natur die »erste Natur« verfälscht und übermäßig vereinfacht, das heißt die Wirklichkeit der Natur und – in diesem Buch vorrangig – der menschlichen Natur. Wir halten unsere Anschauung von uns selbst für selbstverständlich. Und doch ist dieses uns zur zweiten Natur gewordene Selbstverständnis mindestens so fragwürdig wie unsere mangelhaften Intuitionen über die natürliche Welt da draußen.

Die beiden wesentlichsten Bestandteile der menschlichen Natur, denen unsere »zweite Natur« nicht gerecht wird, sind ihre Rätselhaftigkeit und ihre Entstehungsgeschichte. Statt das Mysterium anzuerkennen, das wir in Wirklichkeit sind, haben wir aus Versehen ein falsches Selbstgefühl konstruiert, ein Ich voller Hybris, das wir mit dem Bewußtsein identifizieren: so total, daß wir kein Gespür mehr haben für die darunterliegenden, unzugänglichen Schichten und Antriebe des Geistes, des Gehirns und des Körpers, die von Augenblick zu Augenblick die Dünung bilden, aus der die Brecher des Bewußtseins sich erheben (oder, wie die Kognitionswissenschaft sagt, »emergieren«). Es ist so, als stellten wir uns vor, das Schauspiel unseres Lebens spiele sich auf einer hell erleuchteten Bühne ab, und vergäßen dabei die Kulissen, die Bühnenarbeiter, Beleuchter, Techniker, Maskenbildner und all das unsichtbare Drumherum, ohne das es keine Aufführung geben würde.

Wir müssen nicht hinter die Bühne gehen und um jedes Detail dessen wissen, was sich hinter den Kulissen abspielt, um die Aufführung genießen zu können. Sind wir uns auf einer gewissen Ebene jedoch nicht dessen bewußt, daß es ein »hinter den Kulissen« gibt, dann verwechseln wir Schauspiel und Wirklichkeit. Wir erschrecken und verkriechen uns ängstlich in unserem Sitz, wenn der Schurke eine Pistole zieht, oder wir stürmen auf die Bühne, um die Hauptdarstellerin zu retten. Bleibt das Mysterium des Geistes ungewürdigt, dann werden die Zuschauer zwanghaft in das Drama hineingezogen – als Vertreter, Versicherungsagenten, Geldscheffler, Gschaftlhuber ... Sind wir jedoch des dunklen Umfelds eingedenk und rücken den Versuch, alles zu *kontrollieren*, in die rechte Perspektive, dann ist echtes *Spiel* möglich. Gott – oder »Erleuchtung« oder das Dao – ist im wesentlichen ein Sinn für das Mysterium, ein Geheimnis, das unergründlich und doch vollkommen verstehbar ist. Als Nietzsche erklärte »Gott ist tot«, sagte er damit, die Menschheit habe ihren Sinn für das Mysterium verloren.

Identifizieren wir uns mit dem mal hier mal dort hervorstehenden Dorn des Ichbewußtseins, dann überschätzen wir die Bedeutung und die Vertrauenswürdigkeit des bewußten Geistes und verlieren den Kontakt mit den unsichtbaren Schichten von Gehirn und Körper, in denen es verankert ist. Das ist bedauerlich, denn während das moderne, bewußte Ich vereinzelt dasteht – wie eine einsame Kerze in der Nacht –, sind die evolutionär früheren Schichten, die weiterhin einen Großteil unseres Seins darstellen, ökologisch miteinander vernetzt und in sich »zu Hause«. Die Oberfläche unserer Haut und das Ende unserer Garagenauffahrt sind nicht die Grenzen unseres persönlichen Terrains. Sie sind Verbindung und Schnittstelle – die Punkte, an denen jedes »Mitglied« der menschlichen Spezies mit dem umfassenderen Körper von Natur und Gesellschaft verbunden ist. Erinnern (*»re-member«*) wir uns nicht an das, was wir wirklich sind, und gliedern uns damit in diesen größeren Zusammenhang ein, dann sehen wir uns ständig gezwungen, Bindeglieder der »Liebe« (oder, aus Verzweiflung, der Herrschaft) zu schmieden, die bloße Karikaturen dessen sind, was – im Bereich des Mysteriums – immer schon und noch immer an Verbundenheit existiert.

Während der vergangenen drei Jahrhunderte haben wir einen komplizierten Evolutionsprozeß vollendet, bei dem jeder einzelne Schritt uns geholfen hat zu überleben. Doch ist uns am Ende das Gespür für das Geheimnisvolle und damit der Sinn für Ganzheit,

Zugehörigkeit und Ehrfurcht verlorengegangen. Das Bewußtsein haben wir dabei zum Sitz unserer Identität erkoren. Heutzutage macht sich der Mensch nicht nur viele Gedanken; er denkt auch, ein Mensch sei jemand, der sich viele Gedanken macht. *Cogito, ergo sum.* Wir denken, daß etwas, das wir nicht bemerken, auch keinen Einfluß auf uns hat. Wir denken, daß unseren tiefsten Bedürfnissen gedient ist, wenn wir das zu befriedigen trachten, was uns als unsere Wünsche bewußt wird. Wir denken, die meisten Probleme unseres Lebens ließen sich beheben, wenn wir nur gründlich darüber nachdenken. Wir halten unsere Wahrnehmung für untrüglich und denken, daß das, was wir denken, wahnsinnig wichtig sei.

Descartes und seine Erben haben uns gelehrt, all jene Aspekte des menschlichen Lebens unbeachtet zu lassen, die bewußter Nachprüfung nicht leicht zugänglich sind. Wir leben in einer aus Bewußtsein gemachten Welt, und was in sie nicht Eingang finden kann, »geht mich nichts an«. Wie das Blut durch meinen Körper zirkuliert, durch welche Alchimie ein Blumenkohl in menschliches Fleisch und Knochen transmutiert wird: das mögen Wunder sein – sie können mich faszinieren wie ein schwarzes Loch im Weltall oder eine Wüstenorchidee –, doch fühle ich mich als Zuschauer, nicht als Beteiligter. Mit wenigen Ausnahmen wird mir nicht einmal bewußt (außer bei Gelegenheiten wie dieser), daß ich die Millionen Prozesse *nicht* wahrnehme, die mich am Leben erhalten und in die ich eingebunden bin. Wir halten es nicht einmal für nötig, an so etwas wie Nichtbewußtes überhaupt zu denken.

Und wenn wir wirklich einmal an »das Unbewußte« denken, dann assoziieren wir es im Sinne von Freud mit den unansehnlich-dunklen Hinterzimmern unseres Geistes. Es sind jene Aspekte unserer Emotionen und unserer Persönlichkeit, vor denen wir ängstlich und voller Abscheu zurückschrecken. Das Unbewußte ist unser Horrorkabinett, es ist jenes fremde Land, »wo die wilden Bestien leben«. Es ist der Keller, in dem wir all die persönlichen Gegenstände verstauen, die zu vergessen wir gute Gründe haben (oder hatten). Das Unbewußte ist selbstsüchtig, infantil und peinlich. Es möchte herausschreien: »Ich habe das alles satt!« oder: »Komm, laß uns vögeln!« oder: »Tu mir nicht weh!« Würde ich, der bewußte Zensor, ihm freien Lauf lassen, dann könnte es zu einem Ausbruch von Haß, Geilheit oder schierer Energie kommen, der mich, das bewußte Ich, glauben machen würde, ich sei verrückt.

Geschöpfe des Glaubens und Meinens

Da wir Geschöpfe des Glaubens sind, bestimmt das, was wir über unseren Geist zu wissen glauben – ohne zu wissen, daß wir nur glauben –, die Wirklichkeit, in der wir leben. Es bestimmt, was wir uns zu sehen erlauben, welche Ziele wir verfolgen müssen, welche Gesetze wir verabschieden, welche Autobahnen wir bauen, welche Wälder wir abholzen und welches unser Lieblingsrestaurant ist. Selbst die Landschaft ist in riesigen Gebieten der Welt ein Monument des Geistes: eine Darstellung nicht nur dessen, was Generationen geglaubt und wofür sie gelebt haben, sondern auch der Anschauung, die sie von sich selbst hatten – ihrer Gefühle, Erinnerungen, Gedanken und Identitäten. Unsere »Volksseele«, gewebt aus Landschaft, Sprache und einer Million unterschwelliger Geschehnisse, bildet den unsichtbaren Filter, durch den wir blikken müssen, wenn wir nach innen schauen.

Wir sehen diesen Filter nicht, weil er die Linse ist, *durch die* wir sehen. Er ist der unbeachtete Hintergrund, gegen den sich unser geistiges Leben abhebt. Wir sagen »Du machst mich wahnsinnig«, ohne auch nur einen Moment innezuhalten, um die Theorie des Fühlens zu überprüfen, die von einer solch zweifelhaften Behauptung postuliert wird. Wir sagen »Es tut mir leid – ich war nicht ich selbst«, ohne zu bemerken, welch seltsame Anschauung von Persönlichkeit damit impliziert wird. Wir sagen »Ich habe meine Meinung geändert«, ohne zu fragen, wer da eigentlich was geändert hat (oder was es war, das wen geändert hat). Im Gerichtssaal versuchen wir durch langwierige Expertisen herauszufinden, ob ein bestimmter Massenmörder vielleicht geisteskrank ist, wobei uns nur selten in den Sinn kommt, wie verrückt diese Frage an sich ist.

Der durchsichtige Geist

Der Eckstein unserer zeitgenössischen Alltagspsychologie ist die Annahme, daß der Geist durchsichtig, einsehbar ist und wir, wenn wir durch das Fenster der Introspektion nach innen schauen, genau das sehen, was dort ist. Wir stellen uns den Geist vor wie ein Uhrwerk in einem Glaskasten, dessen wichtigste Mechanismen seinem privilegierten Besitzer stets einsichtig sind. Wir glauben uns bereits zu kennen oder uns bei Bedarf zumindest kennen zu können, wenn vielleicht auch nicht ganz und gar, so doch zumindest gründlich und unmittelbar. Das ist das kardinale Mißverständnis, und dieses Mißverständnis aufzuklären ist eines der Hauptanliegen dieses Buches.

Im Gegensatz zur volkstümlichen Meinung ist der menschliche Geist ein Buch mit sieben Siegeln. Der Raum hinter unseren Augen ist für immer dunkel. Es gibt keinen Zugang zu ihm, weder durch Denken noch durch die Sinne – denn Gedanken und Erfahrungen sind das *Produkt* dieser uneinsehbaren Fabrik, nicht etwa Einblicke in ihrer Arbeitsweise. Es ist wie bei der Herstellung von Cointreau oder Coca-Cola: Was sich hinter den Kulissen abspielt, ist ein eifersüchtig gehütetes Betriebsgeheimnis. Uns bleibt nichts, als das Gebräu zu schmecken; zur Welt desjenigen, der es zusammenbraut, haben wir keinen Zutritt. In unserem Geist werden Gefühle hergestellt, Gedankengebäude konstruiert, Wahrnehmungsbilder gemalt. Doch von dem Maler, Architekten, Hersteller selbst haben wir keine Vorstellung.

Oder, besser gesagt, wir können *nur* Ideen darüber haben. Wir glauben, wir blicken durch transparente Fenster auf uns selbst. Wir meinen, das Bewußtsein verschaffe uns privilegierten Zugang zu den Prozessen in uns und zu unserer Natur, und die Dunkelkammer unseres Geistes sei hell und luftig und unser ganz natürliches Zuhause. Wir gehen davon aus, daß die Geschichten, die uns der Geist über sich selbst erzählt, wahr sind. Aber in Wirklichkeit schauen wir nicht durch klares Glas, sondern auf einen Bildschirm, auf den von hinten einige speziell ausgewählte Produkte des Geistes projiziert werden. Hinter dem Bildschirm gibt es einen Regisseur, der einen konstanten Strom ineinander verwobener

Filme produziert. Ein in diesen Filmen immer wiederkehrendes Thema ist das eines Regisseurs, der einen ununterbrochenen Strom ineinander verwobener Filme produziert. Wie in Federico Fellinis Meisterwerk »8 $^{1}/_{2}$« sehen wir nicht den Regisseur bei der Arbeit, sondern nur die parteiische und künstlerisch verfremdete Sicht des Regisseurs auf einen hypothetischen Regisseur bei der Arbeit. Man legt uns nahe zu glauben, der fiktive und der faktische Fellini seien ein und derselbe. Doch dieser Glaube wäre unbegründet; wir können niemals wissen, bis zu welchem Grade beide einander wirklich entsprechen – denn der wahre Fellini bleibt immer jenseits des Horizonts des Kinobesuchers.

Wären die Bilder, die der Geist von sich selbst schafft, wahrheitsgetreu – zeigten also die Bilder, die auf die Leinwand projiziert werden, tatsächlich das, was wir sähen, wenn die Leinwand entfernt würde –, dann wäre es kein Problem, wenn wir das eine mit dem anderen verwechseln. Wenn der Schein deckungsgleich ist mit der Wirklichkeit, dann verliert diese Unterscheidung ihren Sinn. Macht uns der Geist jedoch etwas vor, dann mögen die Konsequenzen dessen, daß wir ihm seine Behauptungen abkaufen, schon gravierender sein. Sagt uns unser Geist, wir seien 1,60 Meter groß und hätten Kragenweite 29, während wir in Wirklichkeit 1,90 Meter groß sind und Kragenweite 34 haben, dann werden wir uns an manchem Türsturz den Kopf stoßen und eine Menge Anzüge kaufen, in denen uns die Knöchel frieren, und Hemden, die uns den Atem abschnüren. Ähnlich wie in dem Witz mit dem Mann, der dauernd Kopfschmerzen hat, ist der einzige Arzt, der uns hier in unserm Fall helfen kann, einer, der uns überzeugen kann, größere Hemden zu kaufen.

Innerhalb der Dunkelkammer, so unergründlich sie auch ist, werden all die Daten und Anschauungen gespeichert, die dem Leben seinen Sinn geben und seinen Zweck konstruieren. Dort liegen die Akten begraben, in denen steht, wie wir glücklich werden können, um wen und was wir uns kümmern sollen, wann wir reagieren und wann wir einfach ruhig sein sollen. Dort liegen die Programme, die uns in die Lage versetzen, Sprache zu verstehen, die Vergangenheit aufzuzeichnen, Luftschlösser zu bauen und das »Reale« vom »Eingebildeten« zu unterscheiden. Dort liegen die geistigen Muster, die sich indirekt durch Zuneigung und Erwartung, spontane Solidarisierung oder einsame Träume manifestieren und die uns sagen, wie wir einen Menschen erkennen, der sich unserer annehmen oder uns sexuelle Lust schenken wird, oder wie wir uns zu fühlen haben, wenn der FC Bayern den UEFA-Pokal verliert (»Begeistert«, »Am Boden zerstört«, »Was ist FC Bayern?«, »Was für ein Pokal?«). Und irgendwo mitten in der Kommandozentrale fliegt eine unausgesprochene Spezifizierung dessen herum, was es bedeutet, eine Person zu sein: welche Art von Lebewesen ein *menschliches* Wesen ist. Vom Nervenkitzel eines Spontankaufs bis zur Vorstellung von einem friedlichen Tod – alles wird von der unsichtbaren Mannschaft in den Kulissen des menschlichen Geistes zurechtgeschneidert.

Begründeter Zweifel

Drei potentielle Informationsquellen können uns Anlaß geben, dieses Bild in Frage zu stellen: die alltägliche Erfahrung, die Berichte der Mystiker, und die Naturwissenschaft. Was ist zum Beispiel mit den vielen Gelegenheiten, bei denen wir plötzlich »zu uns kommen« und uns klar wird, daß wir komplizierte Aufgaben bewältigt haben, die genaue Wahrnehmung, feinabgestimmtes Handeln und intelligentes Urteilen erfordern – etwa Autofahren oder durch eine Fußgängerzone am verkaufsoffenen Samstag vor Weihnachten zu laufen –, ohne daß wir uns dessen bewußt sind oder eine Erinnerung an das haben, was wir getan haben. Während unser Bewußtsein mit wichtigeren Dingen beschäftigt war, scheint das Nichtbewußtsein ganz gut allein zurechtgekommen zu sein. Was ist mit den Momenten, in denen wir augenblicklich auf ein plötzliches Geschehen reagieren müssen: Ein Hund läuft uns vors Auto, eine knallharte Rückhand unseres Gegners fliegt auf unser Gesicht zu – und bevor der bewußte Geist noch registriert hat, was da geschieht, haben wir schon auf die Bremse getreten oder mit einem Volley den Punkt gemacht. Die Gefahr mag schon längst vorüber sein, ehe das Bewußtsein mit seinem selbstbezogenen Kommentar angehechelt kommt und *post hoc* versucht, die Lorbeeren einzuheimsen oder die Schuld von sich abzuwälzen.

Seit wenigstens 2500 Jahren gibt es eine weitere Quelle von Belegen für die Macht des Nichtbewußten: die Schriften der Mystiker. Wie wir noch sehen werden, haben sie ihre Erfahrungen in sehr unterschiedliche Worte gekleidet, wobei sie in ihrem Bemühen, das mitzuteilen, was sie erlebt hatten, natürlich auf die Bilder zurückgriffen, die ihnen ihre jeweilige Kultur zur Verfügung stellte. Doch wieder und wieder beschreiben sie ihre Erfahrung als eine plötzliche Verschiebung in ihrer Beziehung zum Unbewußten. Wenn sie sich theistischer Bilder bedienen, wie es den meisten von ihnen in unserer abendländischen Kultur vorgegeben war, beschreiben sie ihre Erfahrung als eine unmittelbare Begegnung mit Gott, der – paradoxerweise – absolut unerkennbar ist und dessen Sein sich nicht in irgendeinem weit entfernten Himmel findet, sondern im innersten Kern eines Menschen, vor jeder Form des Wissens oder der begrifflichen Vorstellung. Von der »Wolke des Nichtwissens« bis zu Rilkes »Wie tief ich auch in mich selbst eindringe, mein Gott bleibt im Dunkeln« stimmen sie darin überein, daß man zur tiefsten Erfahrung der Wahrheit kommt, indem man in den stillen Quellgrund hinabtaucht, aus dem jedes Bewußtsein aufsteigt. Wenn es dir nur gelingt, dich von dem Schwarzen Loch im Inneren deines Seins aufsaugen zu lassen – wenn du mutig in die Dunkelkammer marschieren kannst –, dann wird eine ungeheure Last von selbstbezogenen Ängsten und Sorgen von dir abfallen, und eine lichte und freundliche Weisheit wird augenblicklich aufsteigen und an ihre Stelle treten.

Die Naturwissenschaft

Die dritte und jüngste Quelle der Information über die Natur des Geistes ist die Naturwissenschaft. Gemeint sind nicht die fragwürdigen Parallelen, die zwischen Mystik und der spekulativen Welt der Teilchenphysik gezogen wurden, sondern die neu aufkommenden, auf der Biologie basierenden Forschungen im Bereich der Systemtheorie und der menschlichen Evolution sowie jene neue, hybride Disziplin mit Namen »Kognitionswissenschaft«, welche Psychologie, Neurologie, Philosophie und die Erforschung der Künstlichen Intelligenz umfaßt. Die Erkenntnisse dieser Disziplinen zusammengenommen laufen heute auf eine erstaunliche

Neubewertung des menschlichen Geistes hinaus; sie führen uns dazu, die Erfahrungen der Mystiker als eine spontane »Korrektur« des Funktionierens des Gehirns anzusehen – nicht mehr und nicht weniger.

Gegenwärtig wird die Naturwissenschaft gleichermaßen verehrt wie verdammt. Auf der Bühne der Ökologie sehen einige sie in der Rolle des Schurken, während andere sie für den einzig möglichen Kandidaten für die Rolle des Retters halten. Keine dieser extremen Positionen ist gerechtfertigt, wenn auch beide eine Teilwahrheit enthalten. Es trifft zu, daß die naturwissenschaftliche Weltanschauung, indem sie sich als »die einzige sehenswerte erkenntnistheoretische Show in der Stadt« in unserer Kultur breitgemacht hat, aus unserem Geist andere, weniger explizite oder beredte Wege des Erkennens verdrängt hat. Wie ich gleich darlegen werde, sind diese Wege von vitaler Bedeutung, wollen wir unsere »grundlegende geistige Gesundheit« wiedergewinnen. Es läßt sich auch nicht leugnen, daß die scheußlichsten Erfindungen aller Zeiten Ausgeburten der Naturwissenschaft sind. Wahr ist aber auch, daß sie uns höchst machtvolle und elegante Formen des Nachdenkens über unsere physikalische und biologische Welt geliefert hat und daß dieser Rahmen die Entwicklung von Technologien ermöglicht hat (im Hausbau, Verkehrswesen, der medizinischen Wissenschaft, dem Kommunikationswesen und so weiter), die eindeutig die Lebensqualität von Millionen von Menschen verbessert haben.

Und noch etwas: Wie sehr die Naturwissenschaft auch für vorsätzlichen oder unabsichtlichen Mißbrauch anfällig sein mag, sie bietet eine sehr effektive Methode, »den Kurs zu halten«, das heißt unsere Theorien und Annahmen bis zu dem Punkt zu verfolgen, wo sie ihre logischen und praktischen Konsequenzen offenbaren – *ob diese uns nun gefallen oder nicht.* Der »gesunde Menschenverstand« kann fröhlich und ohne es zu merken im Kreis herum segeln und sich dabei noch einreden, auf einer Entdekkungsreise zu sein. Im Gegensatz zu seinen eigenen Presseverlautbarungen folgt das rationale Denken zwangsläufig den eingefahrenen Spuren unserer unbewußten Vor-Urteile, und als Sklave verborgener Mächte ist sein Anspruch auf Objektivität unredlich. Trotz all ihrer Fehler, ihres Zickzackkurses und Stolperns hat die

Naturwissenschaft das Potential, uns zu helfen, der nur sich selbst dienenden und sich selbst bestätigenden geistigen Welt des »gesunden Menschenverstands« zu entkommen. Die unerbittliche Kraft ihrer Methode kann uns zwingen zu denken, was vorher undenkbar war, was auch nur zu erwägen die unbewußten Denkgewohnheiten, auf die wir uns stützen, uns zuvor verboten hatten.

Eine der heutigen Fehleinschätzungen der Naturwissenschaft ist, sie werde unnachsichtig Religion, Spiritualität und Mystik niederwalzen wie ein Bulldozer den Regenwald und nur das flache, offene Land der »reinen Vernunft« zurücklassen. Nichts könnte der Wahrheit ferner sein. Der Wert der Naturwissenschaft besteht in ihrem Vermögen, die Mängel des »gesunden Menschenverstands« aufzudecken und dadurch den Kulturen die Möglichkeit zu geben, ihre ureigenen Mythen zu *sehen* und zu verbessern. (In diesem Sinne sind Philosophen, Schamanen, Dichter und Mystiker die traditionellen »Wissenschaftler des Geistes«.) Und hat sie unsere Aufmerksamkeit einmal auf eine zu enge Annahme gelenkt, dann kann die Naturwissenschaft an deren Stelle zwar nicht »die Wahrheit« anbieten (denn sie kann immer nur Theorien beisteuern), aber doch einen besser funktionierenden Mythos: ein besseres Modell eines spezifischen Aspekts des Lebens. Eine Naturwissenschaftlerin mag von ihren Theorien dazu geführt werden, Fragen zu stellen, die dem »gesunden Menschenverstand« nie in den Sinn gekommen wären oder die er, wäre er doch einmal darüber gestolpert, glatt als lächerlich abgetan hätte. Und nicht selten wird die Antwort auf eine solche Frage überkommene Weisheiten in Frage stellen und uns nachdenklich machen.

Nehmen wir zum Beispiel das unverfängliche Wort »sehen«. Was könnte einfacher sein als der Vorgang, das wahrzunehmen, was um uns herum ist, und auf eine Weise zu handeln, die dem, was wir sehen, Rechnung trägt. Unser gesunder Menschenverstand unterscheidet nicht zwischen der bewußten *Erfahrung* des Sehens und der funktionaleren Idee des »Zur-Kenntnis-Nehmens« dessen, was da ist, und der Integration dieses Wissens in unsere Tatabsichten. Für ihn macht es kaum einen Sinn anzunehmen, wir könnten etwas zur Kenntnis nehmen, ohne es zu »sehen«. Und doch wurde genau diese Möglichkeit durch sorgfältige Versuche mit Patienten bestätigt, die an einer bestimmten Schädigung des

Gehirns leiden. In einem Teil ihres Gesichtsfeldes können sie nichts »sehen«, und doch antworten sie auf Fragen auf eine Weise, die nur möglich ist, wenn sie »wissen«, was dort ist. Sie müssen fähig sein zu »sehen«, da sie angemessen reagieren können; und doch haben sie nicht die geringste visuelle Erfahrung und leugnen energisch, irgend etwas »gesehen« zu haben.

Wir können nun entweder murmeln »Na sowas!« und dieses Phänomen als eine weitere Psychobagatelle abtun. Oder wir können uns fragen, was dies für unseren gesunden Menschenverstand bedeutet, für unsere »augenfällige« Beziehung zu unserem eigenen Bewußtsein. Wieviel Interpretation und wie viele Entscheidungsprozesse laufen da tatsächlich *ohne* die Intervention, ja ohne das Wissen des Hauptgeschäftsführers ab? Befindet sich dort, wo »ich« sitze, tatsächlich der Sitz der Macht, oder bin ich nur eine Marionette, die nicht mit dem wirklich brisanten Informationsmaterial gefüttert wird, sondern mit einer ausgesiebten und zensierten Version der Ereignisse, und die Anordnungen gibt, denen gegenüber die unbewußte Firma sich kollektiv taub stellt?

Brian Goodwin
Neue Richtungen, neue Metaphern

Biologie und Physik verwenden unterschiedliche Metaphern zur Beschreibung der Dynamik des Wandels. In der Biologie wird der Vorgang, durch den sich eine neue, überlegene Variante in einer Population durchsetzt – zum Beispiel ein Bakterium, das gegen ein neues Medikament resistent ist, oder eine Finkenunterart mit vergrößertem Schnabel, mit dem sie härtere Samen knacken kann –, als eine Zunahme ihrer Fitneß im Vergleich zu ihren Konkurrenten beschrieben. Unter der Fitneß versteht man die Fähigkeit eines Organismus, in einem Habitat zu überleben und sich fortzupflanzen, wobei die Organismen, die eine höhere Fitneß erreichen, die Gewinner im »Kampf ums Dasein« sind. Dann folgt eine eindringliche Metapher für den Evolutionsprozeß: Organismen streben unablässig danach, in der Fitneßlandschaft die höheren Gipfel zu erklimmen, welche die verschiedenen Überlebensmöglichkeiten darstellen. In dem Maße aber, wie sich die Organismen wandeln und in verschiedene Unterarten und Arten auffächern, die jeweils an bestimmte Lebensräume angepaßt sind, verändert sich das evolutionäre Szenario: Die Fitneßlandschaft selbst wird in dem Maße umgestaltet, wie die evolvierenden Arten neue Überlebensmöglichkeiten schaffen. Bäume verändern sich und reichern den Boden an, indem sie ihre Blätter abwerfen und organischen Kompost erzeugen, der Wasser zurückhält. Auf diese Weise schaffen Waldsysteme wie der Amazonas-Urwald, die ursprünglich auf extrem mageren Böden entstanden, die Voraussetzungen für die erstaunliche Vielfalt von Arten, die sich in diesem riesigen Ökosystem entwickelten. Das Bild von Organismen, die lokale Fitneßgipfel in dieser evolutionären Landschaft zu erklimmen suchen, die sich fortlaufend infolge der Anstrengungen der Lebewesen umwandelt, so daß diese unablässig weiterwandern müssen, nur um (in bezug auf ihre Fitneß) am selben Platz zu bleiben, ist eine drastische Metapher für das Leben als ein ständiges Streben nach Verbesserungen zum Zweck des bloßen Überlebens. Dies wird mitunter als Fortschritt betrachtet.

Vergleichen wir dies mit den Metaphern, die in der Physik und Mathematik zur Beschreibung dynamischer Prozesse verwendet werden. Ein einfaches Beispiel für einen solchen dynamischen Prozeß ist eine Murmel, die sich in einer Schüssel bewegt. Nehmen wir an, die Murmel wird nahe dem oberen Rand der Schüssel mit einem Schwung freigegeben, so daß sie eine horizontale Geschwindigkeit erhält. Unter Einwirkung der Schwerkraft rollt sie, zunehmend kleinere Bahnen beschreibend, um das Zentrum herum und kommt schließlich im stabilen Punkt auf dem Schüsselboden zum Stillstand. Diesen Stabilitätspunkt nennt man einen *Attraktor*, und die Schüssel definiert den Attraktionsbereich für sämtliche Trajektorien, die gegen den stabilen Punkt konvergieren. Für bestimmte Klassen dynamischer Systeme läßt sich eine Energiefunktion definieren, die im stabilen Zustand ihr Minimum erreicht. Dies legt den Schluß nahe, daß natürliche Prozesse Bahnen folgen, welche die Energie oder eine ähnliche Funktion vermindern; daraus wiederum folgt, daß sie von selbst die Bahn einschlagen, die den geringsten Leistungs- oder Kraftaufwand verursacht. Demnach haben wir zwei gegensätzliche Metaphern zur Beschreibung des biologischen und physikalischen Wandels: Während ersterer mit Arbeit und Mühe verbunden ist, vollzieht sich letzterer unter geringstmöglichem Leistungs- oder Kraftaufwand.

Mathematisch wirft dies keine schwerwiegenden Probleme auf, weil Beschreibungen biologischer Vorgänge, bei denen es um die Optimierung der Fitneß geht, formal weitgehend physikalischen Prozessen entsprechen, bei denen die Energie minimiert wird: Um sie einander äquivalent zu machen, braucht man die Fitneßlandschaft nur auf den Kopf zu stellen, so daß die Gipfel zu Tälern werden und die Fitneßfunktionen in Energiefunktionen umgewandelt werden. Nun sind jedoch weder Fitneß- noch Energiefunktionen universelle Merkmale dynamischer Systeme; das bedeutet, sie lassen sich nicht zur Beschreibung der Trajektorien aller dynamischen Systeme verwenden, sondern ihre Anwendbarkeit ist auf Sonderklassen beschränkt. In dem Maße, wie biologische Prozesse sich mit Hilfe der Dynamik komplexer Systeme immer differenzierter beschreiben lassen, wird man zwangsläufig die nichtuniversellen Fitneßfunktionen aufgeben und statt dessen mit den Begriffen Attraktionsbereich, Attraktoren, Repellatoren (instabile Zustände) und Trajektorien operieren. Im Verlauf der letzten Jahrzehnte wurden eine Menge neuer Konzepte und analytischer Instrumente entwickelt, um die Merkmale nichtlinearer Systeme zu charakterisieren, insbesondere die sogenannten seltsamen Attraktoren, die mit chaotischem Verhalten verbunden sind. Mit ihrer Hilfe lassen sich biologische Prozesse auf neue Weise modellieren. So kann man heute beispielsweise im Rahmen der Erforschung der Evolutionsdynamik die Änderung des Artenspektrums von Ökosystemen statt wie bisher mit Fitneßfunktionen mit dynamisch exakten, allgemeinen Merkmalen von Attraktoren und Trajektorien beschreiben, die durch sogenannte *Ljapunow-Exponenten* definiert werden. Diese geben beispielsweise an, ob ein Modell eines komplexen Ökosystems stabil ist oder eine neue Art in das System »eindringen« und es auf einen anderen Attraktor versetzen kann, und ob der neue Attraktor einfach oder seltsam ist.

Dies führt zu einer Vereinheitlichung von Biologie, Physik und Mathematik, die durch komplexitätswissenschaftliche Studien und durch die Erkenntnis beschleunigt wird, daß in allen komplexen Systemen, unabhängig von ihrer materiellen Zusammensetzung und abhängig in erster Linie von ihrer relationalen Ordnung – also dem Wechselwirkungsgefüge bzw. der Organisation der Elemente –, ähnliche Typen dynamischen Verhaltens auftreten. Die Biologie nähert sich so der Physik und Mathematik an, indem sie die Erkenntnisse der Genetik, der Entwicklungs- und der Evolutionsbiologie in die exakteren Begriffe der Dynamik überführt; gleichzeitig nimmt die Physik mit Beschreibungen der Emergenz der vier fundamentalen Naturkräfte in den ersten Momenten nach dem kosmischen Urknall, den Wachstumsprozessen von Sternen und der Bildung der Elemente während der Sternentwicklung einen biologischeren, evolutionäreren Charakter an. Statt daß Physik und Biologie weiterhin Gegensätze bleiben, wobei erstere als die Wissenschaft der rationalen Ordnung, die aus unveränderlichen Naturgesetzen abgeleitet wird, betrachtet wird, und letztere (seit Darwin) als eine historische Wissenschaft gilt, wird die Physik evolutionärer und dynamischer, während die Biologie exakter und rationaler wird.

Brigitte Hamann
Rassentheoretiker und Welterklärer

In seiner Wiener Zeit habe er »gelernt wie nie zuvor«, schreibt Hitler in »Mein Kampf«. »Ich las damals unendlich viel, und zwar gründlich. Was mir so an freier Zeit von meiner Arbeit übrigblieb, ging restlos für mein Studium auf. In wenigen Jahren schuf ich mir damit die Grundlagen meines Wissens, von denen ich auch heute noch zehre.«

Tatsächlich muß Hitler das Fakten- und Detailwissen, mit dem er später seine Gesprächspartner verblüffte, großteils in seiner Wiener Zeit angehäuft haben, vor allem auf dem Gebiet der Architektur, der deutschen Geschichte, der Bühnentechnik, der Opern Richard Wagners und auch der Politik. »Er las niemals Bücher zur Zerstreuung, zum Zeitvertreib. Bücherlesen war ihm eine todernste Arbeit«, berichtet August Kubizek: »Was er sich einmal auf diese Weise angeeignet hatte, das saß sorgfältig eingeordnet und registriert in seinem Gedächtnis. Ein Griff – und es stand wieder bereit, und zwar so getreu, als hätte er es eben erst gelesen ... Fast schien es so, daß mit der Menge des aufgenommenen Materials das Gedächtnis immer besser wurde.«

Hitler lernt unsystematisch, ohne Anleitung, voll Haß auf Schulen und Universitäten, ohne Einbindung in eine Burschenschaft, einen Arbeiterverein oder ähnliches. Er lernt aus Büchern der Leihbüchereien und aus billigen Broschüren, die die Parteien und politischen Vereine herausbringen. Vor allem lernt er aus Zeitungen, von denen er nie genug bekommt und die er später als »eine Art von Schule für die Erwachsenen« rühmt: »Der weitaus gewaltigste Teil an der politischen ›Erziehung‹, die man in diesem Falle mit dem Wort Propaganda sehr treffend bezeichnet, fällt auf das Konto der Presse.«

Der damalige Hitler-Vertraute Otto Wagener berichtet aus der Zeit um 1930 ähnliches wie Kubizek und Reinhold Hanisch in Wien: »Er schaute nicht danach, wer ihn [einen Artikel] geschrieben hatte, und welches die Zeitung war, in der er stand, sondern er nahm, was ihn interessierte, nur einfach in sich auf und registrierte es in seinem Gehirn an der Stelle, wo es hinpaßte und seine eigenen Ideen oder seine Meinung bestätigte und vielleicht sogar begründete. Was gegen seine Ideen war, lehnte er ab und nahm es gar nicht erst in sich auf.«

Diese Methode, sich Wissen und das, was er »Weltanschauung« nannte, geradezu wortwörtlich aus Vorlagen anzueignen und als eigene Meinung zu verinnerlichen, entwickelt schon der junge Hitler in Wien. Die Lektüre liefert ihm, wie er in »Mein Kampf« schreibt, »Werkzeug und Baustoffe«. Dieses Material findet dann »als Mosaiksteinchen in dem allgemeinen Weltbilde seinen Platz an der ihm zukommenden Stelle«.

Er prägt sich das Gelesene ein, indem er ausgiebig und in steter Wiederholung darüber spricht. Kubizek, der 1908 in der Stumpergasse stundenlange nächtliche Monologe über sich ergehen läßt, berichtet: »Sobald ihn ein Buch ergriff, begann er darüber zu sprechen. Dann mußte ich geduldig zuhören, einerlei, ob mich das Thema interessierte oder nicht.« Ähnliches erzählt Rudolf Häusler über die Jahre 1913 und 1914. Eindeutig benutzt Hitler seine Zuhörer für seine Zwecke, duldet weder Widerspruch noch eine Diskussion.

Auch seine Sekretärin Christa Schroeder berichtet über Hitlers »Gehirngymnastik«, die Gewohnheit, bei nächtlichen Teestunden am Kamin »über ein Thema, das er aus seiner Lektüre behalten hatte, mehrere Male zu sprechen, um es auf diese Weise immer fester in seinem Gedächtnis zu verankern«. So unordentlich Hitler auch ansonsten gewesen sei, »sein Gedächtnis war jedenfalls in vollendeter Ordnung, ein wahres Schubladengedächtnis, aus dem er den höchsten Gewinn zu ziehen wußte«.

Nie habe er aber, so Frau Schroeder, eine Quelle für sein Wissen angegeben, vielmehr stets den Eindruck vermittelt, »daß alles, was er sagte, das Ergebnis eigener Überlegungen, eigenen kritischen Denkens sei. Er konnte ganze Buchseiten hersagen und damit den Eindruck erwecken, daß seine Darlegungen aus eigener Erkenntnis kämen.« Viele Leute seien deshalb fest davon überzeugt gewesen, Hitler sei ein »wunderbar scharfsinniger und analytischer Geist«. Sie habe, so die Sekretärin, einmal zu ihrem Erstaunen eine »geradezu philosophische Abhandlung« Hitlers als »Wiedergabe einer Seite Schopenhauer« erkannt.

Dies ist wohl übertrieben, aber in kleinerem Maßstab sind Übereinstimmungen auch der Wiener Quellen mit späteren Aussagen Hitlers gar nicht zu übersehen. Besonders deutlich sind die Spuren von Wiener extremen nationalen Blättern, so besonders des »Alldeutschen Tagblatts«, des von Franz Stein herausgegebenen »Hammer« oder der christlichsozialen »Brigittenauer Bezirks-Nachrichten«, des »Deutschen Volksblatts« – und vieler Broschüren, die im Umkreis dieser Blätter erschienen. Noch der Reichskanzler Hitler ist deutlich vom deutschnationalen Zeitgeist der Wiener Jahrhundertwende geprägt.

Romantik und Befreiungskriege gegen Napoleon hatten im frühen 19. Jahrhundert bei allen europäischen Völkern den Nationalismus und das Interesse für die eigenen Ursprünge geweckt, ob es sich nun um Tschechen, Ungarn, Polen, Serben – oder auch die Deutschen handelte, die nun die Kultur der Germanen neu entdeckten. Im riesigen Schmelztiegel der Donaumonarchie hatte diese gleichzeitige Identitätssuche der verschiedenen Völker eine besondere Sprengkraft. Denn sosehr das Bild des jeweils eigenen »Volkes« gepflegt wurde, so fremd erschienen nun die anderen Völker.

Die Hinwendung zu den nationalen Ursprüngen verband sich in der zweiten Hälfte des 19. Jahrhunderts mit dem Darwinismus, der von Pflanzen und Tieren auch auf Menschen und ganze Völker übertragen wurde. Die stark popularisierte These von der menschlichen Abstammung und ihrer naturgesetzmäßigen Entwicklung vom Affen in barbarischer Urzeit zum höheren »Edelmenschen der Zukunft« forderte Vergleiche heraus. Da gab es nun angeblich »starke« und »schwache« Völker, Völker im Aufstieg und im Niedergang, entwickelte und unterentwickelte. Rassentheorien zeigten Wege, um die »Veredelung« eines Volkes gegenüber den anderen zu beschleunigen. Jeder wollte der »Starke«, der »höher Entwickelte« sein. Die »Reinheit des Blutes«, eine eindeutige Abstammung, wurde als Wert betrachtet, die Vermischung als Schwäche. Im Interesse des eigenen Volkes sollte es nun wichtig sein, die »völkische« Eigenart zu pflegen und möglichst alles Fremde zu meiden.

Dieser »völkische Abwehrkampf« wurde auf zwei Fronten geführt: einerseits gegen die jeweils anderen Nationalitäten der Habsburgermonarchie, andererseits intern in einer »Rassenhygiene«, einer Politik der »Reinhaltung des eigenen Volkstums«, der »Entmischung« von den »Fremdrassigen«. Nun kamen »Zuchtgesetze« in Mode, die jedermann, der auf »sein Volk« hielt, beachten sollte – mit sorgfältiger Auswahl »rassisch wertvoller« Ehepartner, der Zeugung rassisch reiner Kinder, die überdies stark und gesund sein sollten. Es gab Hygieneregeln, um die Gesunderhaltung der Rasse zu fördern, und Sport- und Turnvereine, um die physische Kraft für den bevorstehenden Kampf gegen die »fremden Völker« zu entwickeln. Denn laut Charles Darwin müsse ja der »Starke« siegen und der »Schwache« zugrunde gehen.

Die Vermischung der Nationalitäten, die in der Donaumonarchie seit Jahrhunderten normal war, wurde nun plötzlich als Bedrohung für das »eigene Volkstum« betrachtet. Die Angst ging um, daß die nationale Identität in diesem »Völkerbrei« verlorengehen müsse. Die neuen Rassentheorien waren um 1900 überall verbreitet wie eine Glaubenslehre. Schriftsteller und Philosophen beschäftigten sich mit diesem Thema, vor allem in Anschluß an Gobineau, den Klassiker der Rassentheorie, dessen Werk »Essay über die Ungleichheit der menschlichen Rassen« um 1900 in deutscher Ausgabe erschien und der »weißen Rasse« den Vorzug von Schönheit, Geisteskraft und Stärke zuwies, berufen, die Welt zu ordnen. Im tagtäglichen Nationalitätenkampf der Donaumonarchie wurden diese Theorien als gefährliche Munition verwendet und waren weit extremer als in den benachbarten Nationalstaaten, einschließlich des Deutschen Reiches.

In Wien schrieb der in England geborene und in Frankreich aufgewachsene Houston Stewart Chamberlain sein Buch »Die Grundlagen des 19. Jahrhunderts«. Auch er forderte eine »Zuchtwahl« nach darwinistischen Grundsätzen: »Hat man nun einsehen gelernt, welche Wunder die Wahl vollbringt, wie ein Rennpferd oder ein Dachshund oder ein ›überschwängliches‹ Chrysanthemum nach und nach durch sorgfältige Ausscheidung alles Minderwertigen erzeugt wird, dann wird man dasselbe Phänomen auch im Menschengeschlecht als wirksam erkennen.« Als Mittel zur Kräftigung der Rasse nannte Chamberlain auch »das Aussetzen schwächlicher Kinder« als »eines der segensvollsten Gesetze der Griechen, Römer und Germanen«. Auch »harte Zeiten, welche nur der stämmige Mann, das ausdauernde Weib überlebt, wirken in ähnlichem Sinne«. Das jüdische und das arische Prinzip hielt Chamberlain für unvereinbar. Weder Assimilation noch Konversion könne einen Juden zum Nichtjuden machen. Damit wurde er zu einem wichtigen Propagator des Rassenantisemitismus.

Chamberlain war in den neunziger Jahren gut in das intellektuelle Leben Wiens integriert. Er gehörte der renommierten Gesellschaft für Philosophie an und beeinflußte hier auch die Studenten Otto Weininger und Arthur Trebitsch. Als Ehrenmitglied des von Georg Schönerer mitbegründeten Wiener »Richard Wagner Vereins« stand er auch in enger Verbindung zu den Alldeutschen. In Hitlers Wiener Zeit lebte Chamberlain, inzwischen mit Wagners Tochter Eva verheiratet, meist in Bayreuth, wurde aber von der Wiener alldeutschen Presse häufig zitiert.

Die Rassentheorien waren in popularisierter Form in allen nationalen Wiener Zeitungen zu finden. So forderte zum Beispiel das »Wiener Deutsche Tagblatt« eine »Anthropologische Politik«: »Es ist ein törichtes Gerede, der Staat habe kein Recht, die persönliche Freiheit durch maßvolle gesetzliche Zuchtwahl einzuengen ... Lächerlich klein aber erscheinen sämtliche Gesetze jenen wichtigsten aller Maßnahmen gegenüber, die ein Bewahren vor dem Hingleiten in den Abgrund allgemeinen Verfalles bezwecken. Der aufwärts führende Weg zur Gesundung, zur Schaffung des neuen Menschen muß beschritten werden, wenn wir nicht in sich häufendem Jammer ersticken wollen.«

In »völkischen« Kreisen wurde intensive Ahnenforschung betrieben und eine staatliche Ehezulassung nach »biologisch-sozialen« Aspekten gefordert, so auch in Schönerers »Unverfälschten Deutschen Worten« 1908: »Man hat verlernt, den Wert der Zucht zu schätzen, d. h. zu wissen, daß jede edle Art nur das Erzeugnis einer planmäßigen Züchtung unter strenger Auswahl der zu paarenden Individuen sein kann. Die Phrase von der Gleichheit aller Menschen hat die Hirne umnebelt. Die gepriesene Verkehrsfreiheit erleichtert das Durcheinanderfluten fremdartiger Volksmassen ...«

Der alldeutsche Zeitgeist war durchtränkt von Begriffen wie

»Herrenmensch« und »Untermensch«, Kampf um die Weltherrschaft, Kampf gegen Demokratie und Parlamentarismus und Sehnsucht nach dem starken germanischen Führer. Um die Rassentheorien »wissenschaftlich« zu erhärten, tobten sich viele »Forscher« im Messen und Vergleichen von Schädeln und Gliedmaßen aus und stellten angebliche Rassenunterschiede im Blut, im elektrischen Widerstand und im »Od« fest, worunter man eine Art persönliche Urkraft verstand. Rassenhierarchien wurden aufgestellt: »hohe« und »niedere« Rassen, »reine« und »gemischte«, »germanische« und »slawische« Rassen und so weiter. Alles, auch das unterschiedliche Zivilisationsniveau der k. u. k. Nationalitäten, wurde nun aus der »Rasse« erklärt. Die Deutschösterreicher deuteten höhere Bildung und stärkeres Steueraufkommen gerne als Beweis für die »Herren-« oder »Edelrasse«. Schlechte soziale Verhältnisse, rückständige Wirtschaft und Bildung galten dagegen als angebliche Beweise für eine »Sklaven-« oder »Unterrasse«.

Der Grundsatz der Gleichheit vor dem Gesetz und die Demokratie wurden von allen Rassentheoretikern verworfen. Sie konstruierten eine »völkische Aristokratie« und damit die natürliche Vorherrschaft der »Edlen« vor den »Gemeinen«, der »Herren« vor den »Knechten«. »Sklavenvölker« wurden nicht für wert erachtet, gleiche Rechte wie die »Herrenvölker« zu haben.

Eine Fülle von Broschüren verschiedener Autoren propagierte diese Theorien. Der Nachweis, wer von diesen vielen heute so gut wie unbekannten Schriftstellern den jungen Hitler beeinflußte, ist schwierig, weil Wortwahl wie Thesen sehr ähnlich sind. Hier seien nur einige Beispiele von sehr vielen vorgestellt.

Viktor Lischka, Redakteur des »Alldeutschen Tagblattes«, brachte in Hitlers Wiener Zeit mehrere Flugschriften heraus, so »Der deutsche Arbeiter und der Nationalismus«, »Der Kampf gegen die Deutschen im Lothringerstaat« und andere. In hoher Auflage erschien 1912 als Flugschrift der Berliner Monatsschrift »Der Nationaldemokrat« Lischkas Heft »Deutschösterreich unter slawischer Herrschaft«, das auch in Wien verkauft wurde. Mit dieser Schrift wollten die Schönerianer die Reichsdeutschen über die schwierige Lage der Deutschösterreicher aufklären. Zu diesem Zweck verteilten sie allein 400 Exemplare an die Abgeordneten des Deutschen Reichstages.

Ein weiteres Beispiel ist Florian Albrechts Flugschrift »Der Kampf gegen das Deutschtum in der Ostmark« von 1908. Das Haus Habsburg habe den »noch unerzogenen und rangenhaften Völkern« die Gleichberechtigung gegeben und diese »ungehobelten Burschen ohne Lehrlings- und Gesellenzeit« gleich zu Meistern gemacht. Die Deutschen seien »an das kaum aufgepäppelte Magyarentum« ausgeliefert worden, »diese Nation der alten Plünderer und Rebellen«. Die k. u. k. Staatsparole sei: »ein slawisch-katholisches Österreich und ein judäomagyarisches Ungarn«.

Das allgemeine gleiche Wahlrecht habe das Deutschtum in Österreich zum Untergang verurteilen wollen, so Albrecht. Aber: »Wenn ein Teil dabei ganz zugrunde gehen muß, soll es lieber der Staat als unser Volk sein! ... Wenn man uns im Staate nicht leben lassen will, dann zwingt man uns zur Notwehr, ihn zu zertrümmern. Es gilt den Kampf um unser Dasein als Volk!« Es herrsche ein »Entscheidungskampf um Sein oder Nichtsein eines Volkes«. Vor die Wahl gestellt, entweder Volksverrat oder Hochverrat zu begehen, »sagen wir: Hochverrat wählen wir als das kleinere Übel«. »Als treibender Sauerteig im sonst kulturell fast wertlosen und unbrauchbaren Völkerbrei spurlos aufzugehen, dazu sind wir nicht gesonnen!« Die Losung der Deutschösterreicher müsse sein: »Österreich ist deutsch oder es ist nicht!«

Ein weiteres Beispiel, diesmal aus einem alldeutschen Flugblatt: »Der Streit der Völker ist keine Frage des Rechtes, sondern der Macht. Vom Standpunkte der Deutschen haben nur die deutschen Interessen, nicht die anderer Völker Berechtigung; denn niemand kann zwei Herren zugleich dienen, die seit Jahrhunderten Gegner waren und naturnotwendig Gegner sein müssen. Wir Deutschen in Österreich sind vom Schicksal nicht bestimmt, eine Friedensliga zu bilden. Wir stehen im Kampfe.«

Oder der alldeutsche Autor Aurelius Polzer: »Soll aber dieses Alldeutschland unserer Sehnsucht nicht ein unerfüllter Zukunftstraum bleiben, so muß das deutsche Volk aus dem jetzigen Zustande der Versumpfung und Verseichtung, der Fremdknechtschaft und Allerweltsdümmelei herausgerissen und wieder zu dem gemacht werden, was es einstmals war und was es wieder werden muß, zum Edelvolke, zum edelsten aller Völker, damit es imstande sei, alle seine Feinde niederzuzwingen und die Weltherrschaft zu gewinnen, jene Herrschaft, die der ganzen Welt den Stempel des deutschen Geistes aufdrückt und sie in seine Bannkreise zwingt.«

In der Rassenfrage fühlten sich die österreichischen Alldeutschen gegenüber den Parteifreunden aus dem Deutschen Reich als Vorkämpfer für das »ganze deutsche Volk«. Der alldeutsche Autor Jörg Lanz von Liebenfels schrieb 1908: »Dank Schönerers Wirken sind die gesinnungstreuen Deutschösterreicher, was Rassenpolitik anlangt, dem Deutschen Reiche um 50 Jahre voraus! ... Der harte Kampf, den wir, aus dem Reichsverbande ausgeschlossen, an der Grenze, wo die drei großen Weltrassen, die mongolische, mittelländische und germanische Rasse, zusammenstoßen, zu führen haben, hat uns, soweit wir dem Fähnlein Schönerers folgen, rassenpolitisch geschult und rassenhaft gestählt ... wir wissen aus unserer täglichen Umgebung, was niedere Rasse für Gesittung und Politik bedeutet.«

Das Deutsche Reich dagegen, das als einziges Problem nur die polnischen Zuwanderer habe, sei in der Rassenfrage erst bei den Schriften Gobineaus angelangt. Lanz weiter: Die »rassenhafte Gesundung des gesamten deutschen Volkes« müsse »von den rassenhaft geschulten Österreichern« ausgehen, als »Wiedererneuerer germanischen Rassentums«.

Aber auch die Schriften der »reichsdeutschen« Alldeutschen über die »moderne Rassenwirtschaft« wurden in Wien ausführlich besprochen und empfohlen, so Ernst Hasses 1907 abgeschlossene »Deutsche Politik« in drei Bänden. Hier wurde, so die Wiener »Ostara«, sorgfältige »Hoch- und Vielzucht« gefordert, um die »sieghafte Kraft im Weltringen der Völker um den Erdball« zu bekommen. »Nur die Übervölkerung, die gemeine Not und der Hunger in dem unwirtlichen Germanien« habe die germanischen »Jungmannschaften« zur Eroberung neuer Länder gezwungen. »Solche Not, allerdings begleitet von möglichster Hochzucht, muß auch in unserem Volke vorhergehen, soll es wieder weltgebietend sein.« Es komme nicht auf »individuelles Glück« an, sondern nur auf »völkische Ethik«, »deren Kulturziel die Herauszucht des Übervolkes im Gegensatze zum volklosen Übermenschen Nietzsches ist«. Die »Ostara« zitiert in ihrer Besprechung aus Hasses Festspruch bei einer völkischen Feier in Deutschböhmen: »Einem von allen weltbürgerlichen Schlacken befreiten deutschen Volkstum von genügender Masse, von reiner Rasse, von Kraft und Gesundheit, von hoher Lebenshaltung, freier Selbstverwaltung, wehrhaft gebildet, gut gegliedert, aber straff zusammengefaßt, gehört die Zukunft.«

1906 erschien das »Ostara«-Heft »Germanisches Zwölftafelgesetz. Völkische Richtlinien für unsere Zukunft« von Harald Arjuna Grävell van Jostenoode mit praktischen Vorschlägen zur Erreichung des großen Zieles, »diese Weltherrschaft germanischen Wesens ins Werk zu setzen«. Da wird etwa ein »germanisches Erziehungsgesetz« vorgeschlagen: »Statt der Gymnasien, dieser römischen Geisteszwingburgen, brauchen wir germanische Lehrburgen. Einige große Musterschulen in schöner Gegend müßten den Söhnen reiner Rasse umsonst zur Verfügung stehen. Sie wären Pflanzstätten des neuen Geistes.« Ein Kastenwesen wie bei den »arischen Indern« wird gefordert, um »dem demokratischen Bewußtsein entgegenzuwirken. Eine genaue Aufstellung des Volkes nach seiner Abstammung sei nötig, damit man die Zugehörigkeit jedes einzelnen und den Anteil des reinen Blutes innerhalb der Rasse kennt.«

Heinz Ohff
War Fontane Antisemit?

»War Fontane Antisemit?«

Der diese Frage stellt, heißt Meyer, ist Justizrat, des Dichters Testamentvollstrecker und jüdischer Herkunft. Er kennt Fontane gut. »Mit einer seiner beliebten, oft angewandten Formeln«, fährt er fort, »würde er auf diese Frage geantwortet haben: ›Ja und Nein‹.«

Er ist dabei, als es am fünfundsiebzigsten Geburtstag zu jener mißverständlichen Aufforderung kommt, die Fontane in seinem Gedicht wiederholt. Paul Meyer schildert den Vorgang so: Der Großteil der Gratulanten hat sich schon entfernt; es sind nur einige Nahestehende zurückgeblieben, die sich im Berliner Zimmer der Wohnung dem Kalten Büffet widmen. Meyer sitzt allein mit einem Gesprächspartner in Fontanes Arbeitszimmer, unschlüssig, ob er sein Gegenüber ganz einfach zum Büffet einladen darf. Der Herr neben ihm ist der Gatte der Schriftstellerin Clara Viebig und Verlagskompagnon des jüngsten Sohnes Friedrich. Sein Name, eindeutig jüdisch, fällt, als der alte Herr plötzlich in der Tür steht und dem jungen Mann seinen Arm reicht: »Kommen Sie, Cohn!«

»Einige Tage später«, so Meyer, »las er uns das Gedicht vor. Es lag auf der Hand, daß zwei Momente besonders zur Entstehung des Gedichtes mitgewirkt hatten: das Erlebnis und der Klang.« Der Justizrat, ursprünglich ein Freund und Studienkamerad des zweitjüngsten Sohnes Theo, verweist auf Fontanes Vorliebe für Klangvariationen und zitiert unter anderem: »Von Ribbeck auf Ribbeck im Havelland«, sowie die Zeilen »Bamme, Damme, Kriele, Krielow« und »Die Duncan kommen, die Donalds kommen, die Collins kommen, die Ronalds kommen, und Jack und Tom und Bobby kommen.«

Unter den Gästen des Vorleseabends sind prominente Leute, so Erich Schmidt, der Germanist, Paul Schlenther, Fontanes Nachfolger als Theaterkritiker, und Otto Brahm, der Leiter der Freien Bühne. Alle sind hell begeistert von diesem Gedicht und einem gleichzeitig entstandenen, »Veränderungen in der Mark«. In dieser Humoreske gibt Odin einigen Semnonen, Burgunden und Vandalen Urlaub von Walhall, um die Mark Brandenburg wiederzusehen. Sie kehren mit dem Stoßseufzer zurück: »Gott, ist die Gegend runtergekommen!«

Ganz so harmlos findet Meyer den Scherz zum Fünfundsiebzigsten nicht. Fontane sieht es ihm an und fragt nach. Dringen alle anderen auf sofortige Publikation, so rät Meyer zur Zurückhaltung. Man könne aus der letzten Zeilen eine Herabsetzung der Juden herauslesen, »die eine schwere Kränkung vieler Verehrer zur Folge hätte«.

Fontanes Gegenargumente sind rasch zur Hand. Er beruft sich auf die Tatsache, daß er in den Schlußzeilen die Itzenplitze geradezu ablehne »und sich an die Spitze der Meyers stelle«.

Meyer lenkt ein: »Gut. Wir werden hoffentlich noch den Achtzigsten erleben. Die Itzenplitze, Bredows und die anderen von Adel haben inzwischen ihr Unrecht gegen Sie eingesehen und erscheinen in Massen. Sind dagegen Ihre jüdischen Verehrer weniger zahlreich angetreten, so werden Sie ein Gedicht machen, das die Enttäuschung zum Ausdruck bringt … Vielleicht mit der Schlußpointe: »Kommen Sie, Itzenplitz!«

Beide Gedichte sind erst nach Fontanes Tod veröffentlicht worden.

Die Zitate stammen aus einem Privatdruck, »Erinnerungen an Theodor Fontane«, der »mit Genehmigung der Erben Paul Meyers« 1936 erschienen ist, mitten im Dritten Reich, wenn auch im Jahr der Berliner Olympiade, in dem sich die Nazis merklich toleranter und milder gaben als gewöhnlich vorher und nachher. Das Kapitel mit der Vorlesung des Gedichts vom fünfundsiebzigsten Geburtstag trägt die Überschrift: »Fontane – der Antisemit«, die wohl absichtlich irreführend gewählt wurde, um eventuelle Zensoren zu täuschen, denn Meyer kommt zum gegenteiligen Ergebnis. Er verweist auf die vielen jüdischen Freunde Fontanes, »unter ihnen Berthold Auerbach und der Philosoph Prof. Lazarus« – man könnte weit mehr aufzählen, die Brieffreunde Wolfsohn und Friedlaender zum Beispiel und nicht zuletzt Paul Heyse.

Auf einem Spaziergang gesteht Fontane dem jungen Freund, daß er mit seinen jüdischen Freunden nie über die »Judenfrage« selbst sprechen könne, und zeigt sich erstaunt »über diese große

Empfindlichkeit einer Kritik gegenüber, die doch nicht von feindlicher Seite und in feindlicher Absicht geübt würde«.

Meyer scheint vorbereitet. Er berührt Fontanes Arm mit seinem Spazierstock: »Das fühlen Sie überhaupt nicht, wenn ich Sie jetzt nicht darauf aufmerksam machte. Ist aber die Stelle wund, würden Sie wohl schmerzlich zucken. Ähnlich ist es mit den Juden, welche durch die ungerechten und unwürdigen Angriffe schwer verletzt sind und Kritik nur ungern vertragen, auch wenn sie von Gutgesinnten kommt.«

Fontane, berichtet Meyer, habe der Vergleich zugesagt – »und er erklärte, solche Erörterungen künftig zu unterlassen«.

Es gehörte einiger Mut dazu, im Braunen Reich eine Broschüre herauszubringen, in den von ungerechten und unwürdigen Angriffen auf die Juden die Rede war. Im Impressum heißt es: »Dem Andenken des Dichters und Paten gewidmet von H. St.«, dahinter sich ein Sternheim verbergen dürfte, ein Sohn Marie Sternheims, geb. Meyer, der Gattin eines Berliner Bankiers, mit der Fontane, absolut kein Antisemit, sehr befreundet war.

Freilich finden sich in seinem Briefwechsel – weniger in seinem Werk – Stellen, die sich, wie das »Kommen Sie, Cohn!«, mehr oder weniger antisemitisch anhören. Eine gewisse Art von jüdischen Mitbürgern schätzt Fontane wirklich nicht und macht aus seiner Abneigung keinen Hehl. Man muß im gleichen Atemzug hinzufügen: Er schätzt auch eine gewisse Art von Märkern nicht, ganz zu schweigen von Berlinern, die er unliebenswürdig zu kritisieren pflegt. Vor allem in den Urlaubsorten stört ihn, was er insbesondere beim Bürgertum verabscheut: jenes parvenühafte, protzige Auftreten, das er unter der heute unbekannten Bezeichnung »pratschig« zusammenfaßt. »Feine Juden«, läßt er seinen getauften jüdischen Freund Friedlaender wissen, »liebe ich, aber wenn sie gewöhnlich sind, sind sie furchtbar.«

Wir befinden uns lange vor Auschwitz, das darf man nicht vergessen. Daß der Antisemitismus keine läßliche Sünde ist, sondern eine mörderische, hat man noch nicht in aller Kraßheit erfahren. Auch Fontane hätte vermutlich nach dem Holocaust die meisten seiner Einwände als läppisch zurückgezogen. Er war, wie gesagt, kein Antisemit, obwohl er bisweilen Äußerungen getan hat, die beinahe antisemitisch anmuten. Vor allem wenn er, von den Nazis gern zitiert, sich brieflich über eine, wie ihm schien, allgemeine »Verjüdelung« beklagte.

Dabei mußte man ihm aber ein wenig das Wort im Munde verdrehen. Oft nachgedruckt im Dritten Reich wurde zum Beispiel Fontanes Satz: »Immer wieder erschrecke ich vor der totalen Verjüdelung der sogenannten heiligsten Güter.«

Purer Antisemitismus? Keineswegs. Man muß nur den Satz nicht, wie die Nazis, demagogisch abbrechen, sondern ihn zu Ende lesen: »...um im selben Augenblick ein Dankgebet zu sprechen, daß die Juden überhaupt da sind. Wie sähe es denn aus, wenn die Pflege der ›heiligsten Güter‹ auf den Adel deutscher Nation angewiesen wäre, Fuchsjagd, getünchte Kirche, Sonntagsnachmittagpredigt, und jeu.«

Der Gerechtigkeit halber sei aber ausdrücklich vermerkt, daß er es umgekehrt ähnlich hält. Ein uneingeschränktes Lob gibt es bei ihm ebenso selten (oder nie) wie einen uneingeschränkten Tadel. Da findet sich etwa ein Kernsatz, der einen glauben machen könnte, mit ihm könne man Fontane ein für allemal von jederlei Antisemitismus freisprechen. Er lautet: »Judenfeindschaft ist, von allem Moralischen abgesehen, ein Unsinn.« Beifall wäre jedoch voreilig, denn es kann nur einem Fontane gelingen, auch diese fraglos richtige Maxime noch ins Gegenteil zu verkehren: »... sie ist einfach undurchführbar; alle Menschen, die ich hier kenne, ganz besonders aus Militär und Adel, sind in eminentem Grade von den Juden abhängig und werden es mit jedem Tag mehr. Ich halte es für ganz unmöglich, diesen Zustand zu ändern. 61 Prozent aller Berliner Häuser sind in Judenhänden, und in zehn oder zwanzig Jahren werden es wohl 80 Prozent sein; wie will man da heraus? Es gibt kein andres Mittel als Stillhalten und sich mit der allmählichen Christianisierung zufriedenzugeben.«

Er bekennt nach solchen Wutausbrüchen gern, er sei »von Kindesbeinen an ein Judenfreund gewesen und habe persönlich nur Gutes von den Juden erfahren« (an Mathilde von Rohr), um erneut cholerisch loszulegen (an Friedrich Paulsen): »Überall stören sie ..., alles vermanschen sie, hindern die Betrachtung jeder Frage als solcher ... Es ist trotz all seiner Begabungen ein schreckliches Volk.«

Hier schwimmt Fontane in einer Zeitströmung mit, von der er

später bewußt abgerückt ist. Es zeigt sich der unheilvolle Einfluß Treitschkes, der, so Ernst Ludwig Ehrlich, »antisemitische Regungen in seinen Artikeln in den Preußischen Jahrbüchern universitätsfähig gemacht« hat. Das Unheil wirft weite Schatten voraus.

Um 1890 setzt bei Fontane ein plötzliches Bedauern über manche ungerechte Urteile ein, die er in Jugend- oder Mannesjahren von sich gegeben hat. Mete schildert er in einem Brief eine Gesellschaft, an der er unter »Christen« – bei seinem »Tunnel«-Freund Zöllner – teilgenommen hat, und vergleicht sie mit einer unter Juden, von der er nicht verrät, wo sie stattgefunden haben mag: »... so muß ich mit Trauer gestehn, daß das alles an Bildung, Angeregtheit, Interesse hinter solcher Judengesellschaft zurückbleibt.« Seine Quintessenz: »Unter Thränen wachse ich immer mehr aus meinem Antisemitismus heraus, nicht weil ich will, sondern weil ich muß.«

Kenneth Attwood hat das Gesamtwerk Fontanes durchforstet und gefunden, daß in ihm Juden keineswegs so negativ gezeichnet werden, wie es manche Stellen in seinen Briefen vermuten lassen. Baruch Hirschfeld ist im »Stechlin« zwar ein zwielichtiger Typ, aber dann heißt es: »... die Juden sind nicht so schlimm, wie manche meinen ...« In »Die Poggenpuhls« werden die Jüdinnen hübscher geschildert als »die paar Christenmädchen«. Dem charmanten Leichtfuß Leo sind sie zwar nur gut genug, um ihm aus der Geldmisere zu helfen, aber darin liegt mehr Kritik am preußischen Adel als an den Juden. Ehrenthal und Silberstein in »Mathilde Möhring« haben gewiß etwas Karikaturenhaftes, doch wird auch Positives über sie gesagt. Und der sich als »Urgermane« fühlende Willibald Schmidt in »Frau Jenny Treibel« läßt an anderer Stelle wissen: »Die Juden ... haben ein Gesetz oder einen Spruch, wonach es als ganz besonders strafwürdig gilt, ›einen Mitmenschen zu beschämen‹, und ich finde, das ist ein kolossal feines Gesetz und beinahe schon christlich.«

Nach 1933 haben viele jüdische Emigranten – »Kommen Sie, Fontane!« – seine Werke mit ins Exil genommen.

Sven Ortoli/Nicolas Witkowski

Kekulés Schlange

Das Benzol hat einen merkwürdigen Geruch; es ist eine eher stechende, ja sogar krebserregende Flüssigkeit, die mit eindrucksvollen schwarzen Rauchschwaden verbrennt und deren Formel, so erfahren wir aus den Handbüchern, C_6H_6 lautet, wobei die sechs Kohlenstoffatome ein regelmäßiges Sechseck – den »Benzolring« – bilden. Neben anderen bemerkenswerten Eigenschaften (wie z. B. der, Grundsubstanz einer Unmenge von Farbstoffen, Insektiziden, Spreng- und Kunststoffen zu sein) will es der Zufall, daß es genauso transparent ist wie Glas: Ein in Benzol getauchter gläserner Gegenstand wird vollkommen unsichtbar! Zudem ist die Geschichte dieser gleichsam magischen Flüssigkeit eher ungewöhnlich. Die Aufdeckung seiner Struktur Mitte des 19. Jahrhunderts erregte einiges Aufsehen und läßt uns noch heute aufhorchen. Stellen Sie sich vor: Sie wurde im Traum entdeckt!

»Ich drehte meinen Stuhl zum Feuer und fiel in einen Dämmerschlaf. Wieder tanzten die Atome vor meinen Augen. [...] lange Ketten, oft enger miteinander verbunden, waren alle in Bewegung, ineinander verschlungen wanden sie sich wie Schlangen. Aber Achtung, was war das? Eine der Schlangen hatte ihren eigenen Schwanz gepackt und drehte sich vor meinen Augen spöttisch im Kreis. Blitzartig schreckte ich hoch [...].«

Der Mann, der soeben die Benzolformel, die seine Kollegen seit Jahren suchen, im Halbschlaf »gesehen« hat, heißt Friedrich August Kekulé. Zu einer Zeit (1865), da die Chemiker sich mit der Frage herumschlagen, ob die Atome tatsächlich existieren oder nur ein theoretisches Gebilde sind, hat Kekulé seine Entscheidung getroffen: Die Atome existieren nicht nur, nein, er sieht sie auch noch ununterbrochen im Traum, vor seinem geistigen Auge. Das ist nämlich nicht sein erster Versuch. Sieben Jahre zuvor hat er bereits Atome herumhüpfen sehen, als er mit dem Bus durch London fuhr. Daraus hatte er geschlossen, daß Kohlenstoffatome sich zu langen Ketten zusammenschließen können – was im Verein mit der Vierwertigkeit dieser Atome die Grundlage für die organische Chemie bildete. Diese Wissenschaft erzielte Ende des 19. Jahrhunderts beachtliche Erfolge, da sie es – endlich – möglich machte, organische Substanzen zu synthetisieren, und zugleich bewies, daß der »Lebenshauch«, von dem man glaubte, er seit notwendig, um die Organismen zu beleben, im Grunde überflüssig war.

Man kann sich darüber wundern, daß die Chemiker genau zu der Zeit von der Kette zum Ring übergingen, als die Fahrradtretkurbel erfunden wurde; der erste Kettenantrieb stammt aus dem Jahr 1869 ... Weniger überrascht wird man das Auftauchen einer Schlange zur Kenntnis nehmen, die zusammen mit Newtons Apfel ein sehr idyllisches Bild abgibt. Aber ganz im Ernst, man könnte meinen, daß nun, da der göttliche Ursprung des Lebens überflüssig wurde, all jene, die mehr an Gott als an die Atome glaubten, diese chemischen Thesen mit ihrem starken Schwefelgeruch energisch bekämpfen würden, zumal der Begründer der organischen Chemie selbst einen typisch esoterischen Traum gehabt hatte. Die Schlange, die sich in den Schwanz beißt – alle Chemiker werden das bestätigen –, ist Uroboros, das Symbol der Einheit von Materie und Universum, Sinnbild des heiligen Kreislaufs der Schöpfung, die sich selbst hervorbringt und verzehrt. Kurz, es ist das Bild, das dem berühmten »Alles ist in allem« entspricht, und, wenn man will, sogar »dem Gegenteil«, das eine notwendige Präzision mit sich bringt.

Erstaunlicherweise waren es aber nicht die Theologen, die am hartnäckigsten Kekulés Traum zu zerstören versuchten, sondern die Chemiker. Es war undenkbar, daß eine junge Wissenschaft, die sich mit Mühe und Not von ihrem alchimistischen Bodensatz gelöst hatte, auf dem Traum von einer Schlange, die sich in den Schwanz beißt, aufbauen sollte. Ohne es zu wissen, rührte Kekulé da an eine empfindliche Saite ... die bis heute noch nachschwingt. Schon im darauffolgenden Jahr erschien in der deutschen Fachzeitschrift »Chemische Berichte« eine Zeichnung, auf der zwei Benzolringe aus jeweils sechs Makaken zu sehen waren, die sich an den Schwänzen festhielten; in der Folgezeit war der Traum so manchem Angriff von seiten der Hardliner unter den Chemikern ausgesetzt, das letzte Mal 1985, als nämlich die American Chemical Association eine ihrer Jahrestagungen der Benzol-Angelegenheit widmete und zwei amerikanische Chemiker behaupteten, Kekulé könne die berühmte Formel nicht geträumt haben.

Da weder die Ablehnung der Alchimie, die doch, nolens volens, die Vorläuferin der Chemie ist, noch irgendeine theologische Verbohrtheit letztlich dazu geführt haben, daß wegen eines simplen Traums soviel Papier (darunter das vorliegende) geschwärzt wurde, muß man sich nach einer anderen Erklärung umsehen. Genau wie Newton, der übrigens Monate mit dem Anfachen seiner Alchimisten-Öfen verbrachte, wie Galilei oder Einstein war Kekulé im Zustand der Gnade – noch dazu in dem Sinne, wie die alten Esoteriker sie verstanden. Der 1413 von Jehan de La Fontaine verfaßte große Klassiker der Alchimie »La Fontaine des amoureux de science« (»Der Quell der in die Wissenschaft Verliebten«) erklärt in allen Einzelheiten, wie das Wissen zu den Eingeweihten kommt, und es ist so gut wie sicher, daß der populäre Mythos der offenbarten Erkenntnis hier seinen Ursprung findet. Denn Jehan war, viereinhalb Jahrhunderte vor Kekulé, auch ein großer Träumer, der, zweieinhalb Jahrhunderte vor Newton, ein besonderes Faible für Obstgärten hatte:

Puis m'endormis, après mangier,
Dedans ce gratieux vergier;
Et, selon mon entendement;
Ie dormy assez longuement,
Pour la plaisance que prenoys
Estant au songe que je songeois.[1]

Im Traum begegnet Jehan »zwei schönen Damen mit klarem Blick«, nämlich der Erkenntnis und der Weisheit, die ihm abermals enthüllen:

1 Dt. sinngemäß: »Nach dem Essen schlief ich in diesem lieblichen Obstgarten ein. Und ich glaube, ich schlief dort ziemlich lange, denn ich genoß den Traum, den ich gerade träumte.«

Science est de Dieu don,
Qui vient par inspiration.
Ainsi est science donnée
De Dieu, en l'homme inspiré.[1]

Das ist in blumigen Worten das, was so viele Chemiker heute wie ehedem unerträglich finden: die Ungerechtigkeit, die den einen entscheidende Träume eingibt (»Warum wurden ausgerechnet sie von den Engeln des Herrn auserwählt?« fragte der Physiker Infeld), während andere an ihren Labortischen Blut und Wasser schwitzen, ohne je das Gelobte Land zu erreichen; die Tatsache, daß die Wahrheit ohne eigenes Verdienst offenbart werden kann, obwohl sie doch das Ergebnis einer langen, mühsamen Kleinarbeit, des Zusammenfügens ungleichartiger Einzelheiten zu einem sinnvollen Ganzen, sein sollte. Selbst wenn ihre Wurzeln in irgendeinem hermetisch abgeschlossenen Destillationsgefäß schwimmen – *nobody is perfect* –, kann die Wissenschaft sich nur auf die Erfahrung und die Vernunft gründen. Ein Chemiker träumt nicht, er arbeitet, und jedes Eindringen des Unbewußten in sein Labor ist verdächtig.

Kekulés Schlange verdankt ihr glückliches Schicksal also dem Umstand, daß sie in diese (mythische) Ritze geschlüpft ist, die das Wissenschaftliche vom Nichtwissenschaftlichen trennt. Mit ihrer Ablehnung des Schöpfungstraums nehmen die Chemiker eine ebenso dogmatische Haltung ein wie die Volksmeinung, die felsenfest an der göttlichen Offenbarung festhält. Als zäher Arbeiter und überzeugter Rationalist hat Kekulé vermutlich in einem Dämmerschlaf von jenem hoch kreativen Zustand profitiert, in dem das Bewußtsein langsam seinen Einfluß verliert, die wissenschaftliche Strenge, deren Füße schon im Wasser der Träume baumeln, nach und nach erlahmt und die üblichen Gedankengänge sich wie die Teile eines Puzzles neu ordnen. Die Tatsache, daß eine Menge Probleme chemischer, mathematischer und anderer Natur in einem Dämmerzustand gelöst werden, hat sicher mehr mit Phy-

1 »Die Wissenschaft ist ein Geschenk Gottes, das durch Erleuchtung kommt. Also wird die Wissenschaft dem erleuchteten Menschen von Gott gegeben.«

siologie als mit Offenbarung zu tun. Wenn die Schlange des Kekulé zu einer solchen Berühmtheit gelangt ist, dann wahrscheinlich deswegen, weil die Grenze zwischen Körper und Geist oder zwischen Wissenschaft und Volksmeinung ebenso unfaßbar ist wie eine halb eingenickte Natter.

Quellennachweis

I. FORMEN DES ZUSAMMENLEBENS – ÜBERWÄLTIGUNG ODER DIALOG?

Jeremy W. Hayward/Francisco J. Varela (Hrsg.): Gewagte Denkwege. Wissenschaftler im Gespräch mit dem Dalai Lama. Aus dem Amerikanischen von Jochen Eggert. Serie Piper 2115, 1996, S. 157–165.

Karl Jaspers: Kleine Schule des philosophischen Denkens. Serie Piper 54, 1997, S. 81–92.

Bernard Lewis: Stern, Kreuz und Halbmond. 2000 Jahre Geschichte des Nahen Ostens. Aus dem Englischen von Bernd Rullkötter. 1997, S. 13–20.

W. Bruce Lincoln: Die Eroberung Sibiriens. Aus dem Amerikanischen von Xenia Osthelder und Bernd Rullkötter. 1996, S. 412–419.

Bassam Tibi: Der wahre Imam. Der Islam von Mohammed bis zur Gegenwart. 1996, S. 375–380.

Frances Wood: Marco Polo kam nicht bis China. Aus dem Englischen von Barbara Reitz und Bernhard Jendricke. 1996, S. 107–113.

II. RÜCKBLICK – IRRTÜMER UND NEUANFÄNGE

Eugen Drewermann: Leben, das dem Tod entwächst. Predigten zur Passions- und Fastenzeit. Hrsg. von Bernd Marz. Serie Piper 1626, 1997, S. 110–115.

Wilfried Feldenkirchen: Werner von Siemens. Erfinder und internationaler Unternehmer. 1996, S. 198–204.

Hans Küng: Weltethos für Weltpolitik und Weltwirtschaft. 1997, S. 323–332.

Walter Jens/Karl-Josef Kuschel: Dialog mit Hans Küng. Mit Hans Küngs Abschiedsvorlesung. 1996, S. 33-43.

Werner Rings: Raubgold aus Deutschland. Die »Golddrehscheibe« Schweiz im Zweiten Weltkrieg. Mit einem aktuellen Nachwort von Mario König. 1996, S. 142–148.

Jürgen Roth: Absturz. Das Ende unseres Wohlstands. 1997, S. 268–274.

Kurt Sontheimer/Wilhelm Bleek: Grundzüge des politischen Systems der Bundesrepublik Deutschland. Völlig überarbeitete Neuausgabe. Serie Piper 1200, 1997, S. 28–35.

III. GRUNDERFAHRUNGEN – FESSELN UND AUSWEGE

Norbert Bischof: Das Kraftfeld der Mythen. Signale aus der Zeit, in der wir die Welt erschaffen haben. Mit 200 Abbildungen. 1996, S. 588–593.

Hans Heinrich Eggebrecht: Die Musik und das Schöne. 1997, S. 75–81.

Michael Fossel: Das Unsterblichkeitsenzym. Die Umkehrung des Alterungsprozesses ist möglich. Aus dem Amerikanischen von Angelika Bischoff und Brigitte Stein. Mit 27 Abbildungen. 1996, S. 207–211.

Joachim Kaiser: Große Pianisten in unserer Zeit. Von Klaus Bennert erweiterte Neuausgabe. Mit zahlreichen Notenbeispielen. Serie Piper 2376, 1996, S. 42–50.

Hans Küng/Josef van Ess: Christentum und Weltreligion – Islam. Serie Piper 1908, S. 114–116.

Ernst Pöppel in: Der Mensch und sein Gehirn. Die Folgen der Evolution. Hrsg. von Heinrich Meier und Detlev Ploog. Mit 19 Abbildungen. Serie Piper 2457, 1997, S. 67–73.

Robert M. Sapolsky: Warum Zebras keine Migräne kriegen. Wie Streß den Menschen krank macht. Aus dem Amerikanischen von Brigitte Stein. Mit 53 Abbildungen. 1996, S. 338–345.

Michael Stegemann: »Ich bin zu Ende mit allen Träumen« – Franz Schubert. 1996, S. 60–62.

IV. »ICH WILL VERSTEHEN« – EINSICHTEN UND VOR-URTEILE

Hannah Arendt: Ich will verstehen. Selbstauskünfte zu Leben und Werk. Mit einer vollständigen Bibliographie. Hrsg. von Ursula Ludz. Serie Piper 2238, 1997, S. 107–110.

Heinrich Blücher: Eine Vorlesung aus dem Common Course. In: *Hannah Arendt/Heinrich Blücher:* Briefe 1936–1968. Hrsg. und mit einer Einführung von Lotte Köhler. 1996, S. 574–579.

Guy Claxton: Die Macht der Selbsttäuschung. Der gesunde Menschenverstand und andere Irrtümer. Aus dem Englischen von Stephan Schuhmacher. 1997, S. 15–21/26.

Brian Goodwin: Der Leopard, der seine Flecken verliert. Evolution und Komplexität. Aus dem Engl. von Thorsten Schmidt. Mit 69 Abb. 1997, S. 257–260.

Brigitte Hamann: Hitlers Wien. Lehrjahre eines Diktators. 1996, S. 285–293.

Heinz Ohff: Theodor Fontane. Leben und Werk. Mit 26 Schwarzweißfotos. Serie Piper 2483, 1997, S. 363–368.

Sven Ortoli/Nicolas Witkowski: Die Badewanne des Archimedes. Berühmte Legenden aus der Wissenschaft. Aus dem Französischen von Juliane Gräbener-Müller. Mit 25 Abbildungen. 1997, S. 91–96.

Die Autoren

Hannah Arendt, geboren 1906 in Hannover, gestorben 1975 in New York. 1933 Emigration nach Frankreich, 1937 Heirat mit Heinrich Blücher. Ab 1941 in New York. 1963 Professorin an der University of Chicago, war ab 1968 Professorin für Politische Philosophie an der New School for Social Research in New York.

Norbert Bischof, geboren 1930 in Breslau. Studium der Psychologie, Philosophie und Zoologie in München. Langjähriger Mitarbeiter von Erich von Holst und Konrad Lorenz am Max-Planck-Institut Seewiesen. 1975 bis 1997 Professor für Allgemeine Psychologie und Direktor der Biomathematischen Abteilung am Psychologischen Institut der Universität Zürich.

Wilhelm Bleek, geboren 1940 in Bonn. Studium der Politikwissenschaft, Neueren Geschichte und des Öff. Rechts in Bonn und an der FU Berlin. Seit 1981 Professor für Politikwissenschaft an der Ruhr-Universität Bochum.

Heinrich Blücher, geboren 1899 in Berlin, gestorben 1970 in New York. Autodidakt, trat 1919 der KPD bei, 1933 Emigration nach Paris, 1941 nach New York. 1937 Heirat mit Hannah Arendt. Er lehrte ab 1950 an der New School for Social Research in New York, seit 1952 als Professor für Philosophie am Bard College, im Staat New York.

Guy Claxton, geboren 1947 in London. Studium der Psychologie in Oxford, Professor für Psychologie an den Universitäten von London und Bristol, Mitbegründer des E. F. Schumacher College für Ganzheitliche Studien.

Dalai Lama (14. religiöses Oberhaupt des tibetischen Lamaismus), geboren 1935, inthronisiert 1940, floh nach der chinesischen Besetzung Tibets (1959) nach Indien, lebt in Dharmsala (Nangra-Distrikt) im Asyl. Friedensnobelpreis 1989.

Eugen Drewermann, geboren 1940 in Bergkamen. Studium der Philosophie, Theologie und Psychologie. Dr. phil. habil. Katholischer Priester und Psychotherapeut. Seit seiner Verbindung von Tiefenpsychologie und Theologie in Konflikt mit der katholischen Kirche. 1991 Lehr- und Predigtverbot.

Hans Heinrich Eggebrecht, geboren 1910 in Dresden. Musikstudium und Studium der Musikwissenschaft, Philosophie und Germanistik, Dozent in Erlangen und Heidelberg, von 1961 bis 1988 Professor der Musikwissenschaft an der Universität Freiburg.

Josef van Ess, geboren 1934 in Aachen. Professor für Orientalistik an der Universität Tübingen.

Wilfried Feldenkirchen, geboren 1947 in Köln. Studium der Geschichte, Anglistik und Volkswirtschaftslehre. Ist Professor für Wirtschafts-, Sozial- und Unternehmensgeschichte an der Universität Erlangen.

Michael Fossel, geboren 1950 in Greenwich. Studierte Psychologie, Neurobiologie und Medizin u. a. an der Stanford University, ist als Arzt tätig, außerdem Professor der Medizin an der Michigan State University.

Brian Goodwin, geboren 1931 in Kanada. Studierte Biologie in Montreal und Edinburgh, außerdem Mathematik in Oxford, 1960 Promotion in Biologie. War Dozent an den Universitäten von Edinburgh und Sussex, seit 1983 ist er Professor für Biologie an der Open University in Milton Keynes/England.

Brigitte Hamann, Dr. phil., lebt als Historikerin in Wien. Eine der besten Kennerinnen der Geschichte Österreichs und Wiens im ausgehenden 19. Jahrhundert.

Jeremy W. Hayward, promovierte an der Abteilung Nuklearphysik der Cambridge University. Er arbeitet und lehrt über den Themenkreis Buddhismus und westliches Denken.

Karl Jaspers, geboren 1883 in Oldenburg, gestorben 1969 in Basel. Ab 1916 Professor für Psychologie, ab 1921 für Philosophie an der Universität Heidelberg; 1937 seines Amtes enthoben. Von 1948 bis 1961 Professor für Philosophie in Basel. Er gilt als einer der Hauptvertreter der Existenzphilosophie.

Joachim Kaiser, geboren 1928 in Milken/Ostpreußen. Studierte Musikwissenschaft, Germanistik, Philosophie und Soziologie, seit 1959 Kulturkritiker bei der »Süddeutschen Zeitung« in München. Seit 1977 auch Professor an der Hochschule für Musik und Darstellende Kunst in Stuttgart.

Hans Küng, geboren 1928 in Sursee (Schweiz). War von 1980 bis 1996 fakultätsunabhängig Professor für Ökumenische Theologie und Direktor des Instituts für Ökumenische Forschung an der Universität Tübingen.

Karl-Josef Kuschel, geboren 1948 in Oberhausen. Ist Professor für Theologie der Kultur und des interreligiösen Dialogs an der Katholisch-Theologischen Fakultät der Universität Tübingen.

Bernard Lewis, geboren 1916 in London. 1949 bis 1974 Professor für Geschichte des Nahen Ostens an der Universität London, seit 1974 Professor für Nahost-Studien an der Princeton University.

W. Bruce Lincoln, geboren 1938. Dr. phil., ist einer der führenden amerikanischen Rußlandkenner. Er lehrt an der Northern Illinois University und war als Gastprofessor u. a. in Moskau, St. Petersburg und Oxford tätig.

Mary McCarthy, 1912–1989, amerikanische Schriftstellerin (»Die Clique«) und Kulturkritikerin, enge Freundin von Hannah Arendt.

Hans Morgenthau, 1904–1980, deutsch-amerikanischer Politikwissenschaftler. Emigrierte 1937 in die USA, lehrte an verschiedenen amerikanischen Universitäten.

Heinz Ohff, geboren 1922 in Eutin. Zwischen 1961 und 1987 Feuilletonchef des Berliner »Tagesspiegels«. Lebt heute in Cornwall/England und in Berlin. Veröffentlichte u. a. bekannte Biographien und Bücher zur preußischen Kulturgeschichte.

Sven Ortoli, geboren 1953, studierte Physik, arbeitet als Journalist, ist Gründer von »Science & Vie junior«.

Ernst Pöppel, geboren 1940 in Schwessin/Pommern. Studium der Psychologie und Medizin in Freiburg, München und Innsbruck. Seit 1976 Professor für Medizinische Psychologie an der Ludwig-Maximilians-Universität in München.

Werner Rings, 1910–1998. Lebte als Autor in der Schweiz. Sein Buch »Die Schweiz im Krieg« gilt als Standardwerk.

Jürgen Roth, geboren 1945 in Frankfurt/Main. Seit 30 Jahren als Publizist und Fernsehjournalist tätig, zahlreiche Fernsehdokumentationen im Bereich des investigativen Journalismus.

Robert M. Sapolsky, geboren 1957 in New York. Studierte Biologie und Medizin u. a. an der Harvard University und der Rockefeller University. Ist heute Professor für Biologie und Neurologie an der Stanford University.

Kurt Sontheimer, geboren 1928 in Gernsbach. Studium der Soziologie, Geschichte und Politikwissenschaft in Freiburg, Erlangen, den USA und in Paris. 1962 bis 1969 Professor für Politikwissenschaft am Otto-Suhr-Institut der Freien Universität Berlin, 1969 bis 1993 Professor am Geschwister-Scholl-Institut für Politische Wissenschaft der Universität München.

Michael Stegemann, geboren 1956 in Osnabrück. Studium der Musikwissenschaft und Komposition in Paris. 1981 Promotion, 1982 bis 1987 Lehrtätigkeit an der Universität Münster und Redakteur bei der »Neuen Zeitschrift für Musik«, gleichzeitig tätig als Komponist, Hörspielautor und freier Publizist mit Arbeiten für die ARD, den ORF und die SRG.

Bassam Tibi, geboren 1944 in Damaskus, ist seit 1973 Professor für Internationale Politik in Göttingen. Von 1988 bis 1993 gleichzeitig in Harvard, dann in Berkeley. Forschungsaufenthalte in den meisten arabischen Ländern und Gastprofessuren in den USA, Asien und Afrika.

Francisco J. Varela, Studium der Biologie und Promotion an der Harvard University. Schrieb zusammen mit Humberto Maturana »Der Baum der Erkenntnis«.

Nicolas Witkowski, geboren 1949. Studierte Physik, ist als Lehrer, Wissenschaftsjournalist und Herausgeber tätig.

Frances Wood leitet die China-Abteilung der British Library. Sie hat zahlreiche wissenschaftliche Veröffentlichungen über China aufzuweisen.